Atlas für Himmelsbeobachter

kosmos

Erich Karkoschka

Atlas für Himmelsbeobachter

Der Sternatlas zum Himmelsjahr
Mit 50 Sternkarten des gesamten Himmels

Kosmos
Gesellschaft der Naturfreunde
Franckh'sche Verlagshandlung
Stuttgart

Mit 3 Schwarzweißfotos vom Verfasser, 7 Schwarzweiß-Grafiken und 50 Sternkarten. Sämtliche Grafiken und Sternkarten: Rolf und Elke Köder, Stuttgart, nach Vorlagen des Verfassers.
Umschlaggestaltung: Kaselow Design, München, unter Verwendung einer Aufnahme des Verfassers. Die Aufnahme zeigt den südwestlichen Teil des Sternbildes Sagittarius (Schütze) mit der hellsten Milchstraßenwolke. Norden ist links oben. Der rote Nebel nahe der Bildmitte ist der Lagunennebel M 8, die kleinere Milchstraßenwolke am linken Bildrand M 24. Viele weitere Objekte lassen sich mit der Karte E 20 (Seite 91) identifizieren. Auch drei Planeten waren zum Aufnahmezeitpunkt (16. 4. 86) in diesem Gebiet: Mars, der große rötliche Fleck links unten, Uranus im oberen Teil des letzten k von Karkoschka und Neptun, der beinahe im Sterngewimmel der Milchstraße verlorengeht.

CIP-Titelaufnahme der Deutschen Bibliothek

Karkoschka, Erich:
Atlas für Himmelsbeobachter : d. Sternatlas zum Himmelsjahr ; mit 50 Sternkt. d. gesamten Himmels / Erich Karkoschka. [Sämtl. Grafiken u. Sternkt.: Rolf u. Elke Köder nach Vorlagen d. Verf.]. – Stuttgart : Franckh, 1988
ISBN 3-440-05867-0

Franckh'sche Verlagshandlung,
W. Keller & Co., Stuttgart/1988

Printed in Germany/Imprimé en Allemagne
L 10 sk H Ste/ISBN 3-440-05867-0
Satz: G. Müller, Heilbronn
Herstellung: Wilhelm Röck, Weinsberg

Seite 2: Das Schwertgehänge des Orion mit dem Orionnebel. Wer den Orionnebel in einer dunklen Nacht mit einem lichtstarken Fernrohr betrachtet, wird sich kaum daran sattsehen können. Hier wird Gas und Staub von ganz jungen Sternen beleuchtet, jünger als die Menschheit. Im Bild weiter oben leuchtet sehr schwach der Reflexionsnebel NGC 1973, während ganz oben die aufgelöste Sterngruppe NGC 1981 zu finden ist.

Atlas für Himmelsbeobachter

Erläuterungen zum Gebrauch

Sternkarten mit Katalog

Verzeichnisse

Verzeichnis der Abbildungen und Tabellen

Erläuterungen zum Gebrauch

Einleitung

Wer war nicht schon beeindruckt von einem klaren Sternenhimmel fernab von störenden Lichtquellen? Richtet man dann mit einem Fernglas den Blick zur Milchstraße, so offenbaren sich einem eine Vielzahl von Sternen, Doppelsternen, Sternhaufen und Nebeln. Für den unerfahrenen Beobachter ist es nicht einfach, sich in diesem Gewimmel zurechtzufinden, aber dieser Atlas will es so einfach wie möglich machen. Der Einblick in das Universum bleibt damit nicht mehr geübten Himmelsbeobachtern vorbehalten.
Als zusätzliche Beobachtungshilfen sei noch eine drehbare Sternkarte und „Das Himmelsjahr“ empfohlen. Mit der drehbaren Sternkarte kann man sich am Himmel orientieren und die bekanntesten Sternbilder auffinden. „Das Himmelsjahr“ sorgt dafür, daß man die Stellungen der Planeten kennt und kein wichtiges Himmelsereignis versäumt. Machen wir uns damit auf in die nächtliche Natur und lassen wir uns zeigen, was das Universum uns zu bieten hat!

Himmelsatlanten

Die meisten Himmelsatlanten kann man nach ihrer Sternenzahl in zwei Gruppen einordnen: Die einen zeigen nur die mit freiem Auge sichtbaren Sterne. Da nur ein paar tausend Sterne mit freiem Auge sichtbar sind, kann man diesen Sternhimmel im übersichtlichen und handlichen Format unterbringen. Sie sind ideal für alle Beobachtungen mit freiem Auge. Die andere Gruppe von Atlanten zeigt die Sterne, die im Fernglas oder Fernrohr sichtbar sind.

Seite 6 oben: Das Sternbild Cygnus (Schwan) mitten in der nördlichen Milchstraße. Die Aufnahme läßt die unbegreifliche Sternenanzahl in unserer Milchstraße erahnen. Schweift man selbst mit einem Fernglas durch dieses Sternbild, so wird einem dies noch eindrucksvoller vor Augen geführt. In einer sehr dunklen Nacht kann man mit einem Fernglas nach dem Nordamerikanebel, Pelikannebel und Cirrusnebel Ausschau halten (vergleiche Sternkarte N20, Seite 45). Sie sind keine leicht auffindbaren Objekte und sind auch auf dieser Aufnahme nicht einfach zu erkennen. Zur Orientierung: Deneb ist der helle Stern links. Albireo steht etwa auf gleicher Höhe nahe des rechten Bildrandes.

Seite 6 unten: Südliches Gebiet der Milchstraße in der Umgebung des Sternbilds Crux (Kreuz des Südens), von Europa aus leider nicht sichtbar. Neben den Magellanschen Wolken ist dieses Gebiet eine besondere Attraktion des Südhimmels. Direkt links unterhalb des Kreuzes liegt die auffällige Dunkelwolke des Kohlensacks, die im Fernglas interessante Strukturen zeigt. Umgeben von hellen Sternhaufen strahlt im rechten Bildteil der helle Eta Carinae Nebel. Der Stern Eta Carinae, der den Nebel zum Leuchten anregt, ist zur Zeit nicht mit freiem Auge sichtbar, obwohl er im 19. Jahrhundert 20 Jahre lang zweithellster Stern am Himmel war. Er ist Kandidat für die nächste nähere Supernova-Explosion. Vielleicht hat sich der ungeheure Lichtstrom der Explosion schon auf die etwa 6000 Jahre lange Reise zu uns begeben.

Erläuterungen

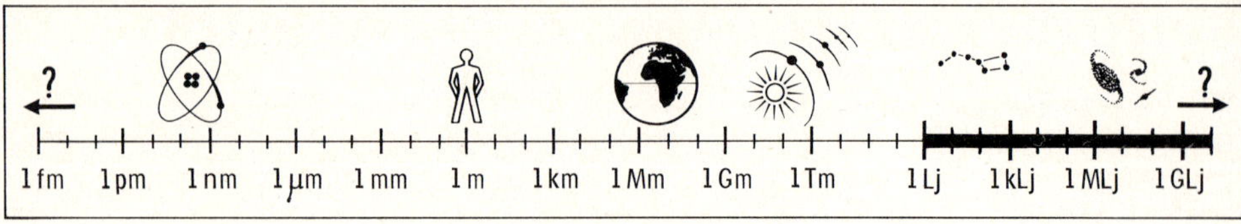

Abb. 1: Vom Atomkern bis zu den fernsten bekannten Objekten im Universum haben wir heutzutage etwa 41 Größenordnungen erfaßt. Dieser Atlas enthält Objekte ab 1 Lichtjahr Entfernung, also die letzten 10 Größenordnungen. Niemand kann sich diese Entfernungen richtig vorstellen. Verschiebt man allerdings die letzten 10 Größenordnungen nach links in uns geläufigere Größen, so gewinnt man doch eine Vorstellung von der Welt der Sterne und Galaxien in stark verkleinertem Maßstab.

Da schon in einem bescheidenen Fernglas beinahe eine Million Sterne gesehen werden können, benötigen solche Atlanten meist mehrere dicke Bände mit Hunderten von Sternkarten. Sie sind ideal für Beobachtungen mit Fernglas und Fernrohr. Dieser Atlas geht einen Mittelweg. Er enthält den gesamten, mit freiem Auge sichtbaren Sternhimmel (Grenzgröße 6^m) und Umgebungen von 250 interessanten Fernglas- und Fernrohrobjekten (Grenzgröße 9^m). Da diese Umgebungen zusammen nur etwa zehn Prozent des Himmels überdekken, lassen sie sich in diesem handlichen Format unterbringen.
Manche Atlanten enthalten durch Kodierungen und Bezeichnungen so viele Informationen wie möglich. Sie sind für die Schreibtischarbeit geeignet. Das andere Extrem bilden fotografische Atlanten ohne Bezeichnungen, die sich leicht mit dem natürlichen Sternhimmel vergleichen lassen. Auch in dieser Beziehung geht dieser Atlas einen Mittelweg. Die Sternkarten konnten einfach und übersichtlich gehalten werden, da sich die zusätzlichen Informationen in dem Katalog auf der gegenüberliegenden Seite befinden.

Kataloge

Neben einem Atlas für das freie Auge und einem für das Fernglas verwendet der Himmelsbeobachter einen Katalog, um für die Beobachtung wichtige Größen wie Doppelsternabstände und Nebelhelligkeiten nachschlagen zu können. Der „Atlas für Himmelsbeobachter" vereint diese drei Werke für die wichtigsten Himmelsobjekte. Mit verschiedenen Werken zu arbeiten ist oft mühevoll, da sich Bezeichnungsweisen und Objektauswahl unterscheiden. In diesem Atlas dagegen sind alle bezeichneten Objekte in den Tabellen der gegenüberliegenden Seiten katalogisiert, natürlich unter gleicher Bezeichnung, und alle katalogisierten Objekte finden sich auch in den Sternkarten. So wird das Beobachten so einfach wie möglich gemacht.
Für wissenschaftliche Untersuchungen werden Kataloge mit originalen Meßdaten benötigt, die dann auch unmögliche Werte wie negative Parallaxen enthalten. Die Katalogwerte dieses Atlasses basieren auf mehreren Quellen und stellen somit eine nach dem heutigen Stand „bestmögliche" Schätzung dar. Die wesentlichen Quellen sind: Sky Catalogue 2000.0, Yale Bright Star Catalogue, Smithsonian Astrophysical Observatory (SAO) Star Catalog, 291 Doppelsternephemeriden für die Jahre 1975–2000, Ovschni Katalog Peremenich Zvjezd, Synopsis der Nomenklatur der Fixsterne, Délimitation Scientifique des Constellations, Burham's Celestial Handbook und Webb Society Deep-Sky Observer's Handbook.
Da die Datenmenge in diesem Atlas auf einige tausend Angaben beschränkt bleibt, konnte jede einzelne Angabe mit mehreren Quellen verglichen werden. Bei größeren Diskrepanzen zwischen verschiedenen Quellen wurden auch Beobachtungen des

Erläuterungen

Tabelle 1

Lichtjahre (Lj)	100	120	150	200	250	300	400	500	600	800	1000
parsec (pc)	30	36	45	60	75	90	120	150	180	240	300

Tab. 1: Kleine Umrechnungstabelle zwischen Lichtjahren und parsec. Alle Entfernungen in diesem Atlas sind in Lichtjahren angegeben, während in der professionellen Astronomie meist das parsec als Einheit verwendet wird. 1 Lichtjahr = 9,46 Billionen Kilometer, 1 parsec = 3,26 Lichtjahre. Objekte in diesem Entfernungsbereich sind auf den nächstliegenden Wert dieser Tabelle gerundet. Der dabei entstehende Rundungsfehler ist wesentlich kleiner als die Unsicherheit der Entfernungen.

Autors berücksichtigt. So wird beispielsweise die Gesamthelligkeit des Sterns Algieba in 14 verschiedenen Sternverzeichnissen 8mal mit $1\overset{m}{.}8$–$1\overset{m}{.}9$ angegeben, 6mal hingegen mit $2\overset{m}{.}1$–$2\overset{m}{.}3$. Der Beobachter kann selbst im hellen Großstadtlicht mit freiem Auge die Helligkeit besser als eine halbe Größenklasse schätzen.
Oft läßt sich jedoch richtig und falsch nicht so einfach auseinanderhalten. Dies gilt insbesondere für Entfernungsangaben. So können die meisten Sternentfernungen von über 100 Lichtjahren nur indirekt aus dem Sternspektrum geschätzt werden, wobei kleine Ungenauigkeiten den Stern leicht 2–3mal näher oder weiter erscheinen lassen. Ein extremes Beispiel bildet der Quasar 3C273. Die heutzutage plausibelste Annahme für seine große Rotverschiebung ist es, die Expansion des Weltalls dafür verantwortlich zu machen. Dann muß 3C273 etwa zwei Milliarden Lichtjahre entfernt sein, während direkte Parallaxen-Messungen nur eine Entfernung geringer als 500 Lichtjahre ausschließen können, ein Unsicherheitsfaktor von mehreren Millionen! Astronomische Daten sind immer mit entsprechender Vorsicht zu interpretieren!

Objektauswahl

Dieser Himmelsatlas enthält 250 nonstellare (nicht sternförmige) Objekte, die hier unter dem Begriff „Nebel“ zusammengefaßt werden, also Planetarische Nebel, Gasnebel, offene und kugelförmige Sternhaufen und Galaxien. Neben allen 110 Messier-Objekten sind 140 Nebel ausgewählt, die helligkeitsmäßig vielen Messier-Objekten entsprechen. Bei gleichartigen Nebeln wurden nördlichere etwas bevorzugt ausgewählt. Alle diese Nebel lassen sich im Amateurfernrohr beobachten.
Der Sternkatalog enthält 900 mit freiem Auge sichtbare Sterne. Alle 561 Sterne bis zur Größe $4\overset{m}{.}0$ sind vollständig vertreten. Die schwächeren Sterne sind hauptsächlich Doppelsterne oder Veränderliche Sterne.
Mit einem Amateurfernrohr sind viele tausend Doppel- oder Mehrfachsterne beobachtbar. Davon wurden 250 interessante ausgewählt, deren Komponenten mindestens $8\overset{m}{.}0$ hell sind und deren Gesamtlicht heller als $6\overset{m}{.}0$ ist. Abgesehen von ein paar sehr engen Doppelsternen sind alle im Amateurteleskop trennbar.
Der Katalog enthält ferner Angaben zu 80 Veränderlichen Sternen, die mit freiem Auge beobachtbar sind. Berücksichtigt sind Veränderliche mit mehr als einem Viertel Größenklasse Lichtwechsel, die im Maximum heller als 5. Größe sind. Einige etwas schwächere wurden ergänzt.

Himmelskoordinaten

In der Astronomie werden verschiedene Koordinatensysteme benutzt. Um sich am Sternhimmel erfreuen zu können, muß man sich nicht mit Koordinaten befassen. Es ist jedoch nützlich, das wichtigste Ko-

Erläuterungen

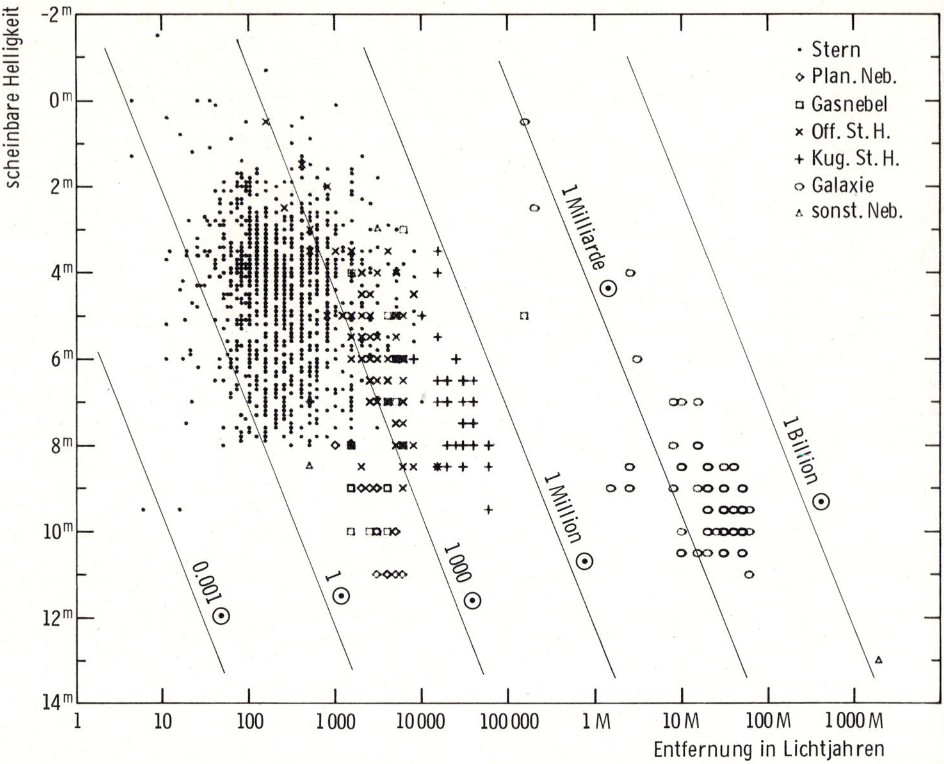

Abb. 2: Scheinbare Helligkeit und Entfernung der 1423 in diesem Atlas katalogisierten Objekte, jede Doppelsternkomponente einzeln gezählt. Die horizontale und vertikale Anreihung kommt durch die Rundung der Daten zustande. Anhand der Linien läßt sich die Leuchtkraft relativ zur Sonnenleuchtkraft abschätzen (wenn interstellare Absorption vernachlässigt wird).

ordinatensystem zu kennen, nämlich das Äquatorialsystem. Man kann sich das Äquatorialsystem vorstellen, indem man sich die geographischen Längen- und Breitenkreise vom Erdmittelpunkt aus an die Himmelskugel projiziert denkt. Der geographischen Länge entspricht die *Rektaszension,* der geographischen Breite die *Deklination.* So wie Greenwich den Nullmeridian auf der Erde beschreibt, ist der Frühlingspunkt der Nullpunkt der Rektaszensionszählung. Dies ist der Punkt, an dem die Sonne am 20./21. März steht. Von dort aus wird nach Osten von 0° bis 360° oder meist von 0^h bis 24^h (Stunden) gezählt ($1^h = 15°$). Die Deklination wird wie die geographische Breite vom Äquator (0°) zu den Polen (90°) gezählt. Nördliche Deklinationen sind positiv, südliche negativ. Die Position eines Sterns ist durch Rektaszension und Deklination genau bestimmt.

Präzession

Da sich der Frühlingspunkt unter den Sternen langsam verschiebt, ändern sich ebenso die Koordinaten der Sterne. Die Koordinaten in diesem Atlas gelten genau für das Jahr 2000 (Äquinoktium 2000.0), jedoch ist die Verschiebung davon zwischen 1989 und

2010 geringer als 9′ = 0.15° und daher für die meisten praktischen Anwendungen vernachlässigbar gering.

Sternzeit

Der Sternhimmel dreht sich mit dem Äquatorialsystem täglich einmal um uns herum. Sterne mit gleicher Deklination ziehen genau dieselbe Bahn am Himmel. Nach einem Sterntag von 23^h56^m steht jeder Stern wieder genau am selben Ort am Firmament. Die Sternzeit gibt nun an, wie weit sich der Himmel gedreht hat. Als Bezugspunkt gilt der Meridian, der sich vom Südpunkt über den Zenit zum Nordpunkt zieht. In ihm erreichen die Sterne ihre höchste Stellung. Um 0 Uhr Sternzeit steht der Frühlingspunkt im Meridian. Um 1 Uhr Sternzeit stehen Sterne der Rektaszension 1^h im Meridian usw. Kennt man die augenblickliche Sternzeit, so weiß man, welcher Teil des Himmels gerade am besten beobachtbar ist. Die Sternzeit läßt sich mit Hilfe der Tabelle Seite 119 abschätzen.

Anordnung der Sternkarten

Der gesamte Sternhimmel ist in diesem Atlas in 48 Gebiete unterteilt, die sich in drei Gruppen gliedern: N = Nordhimmel, E = Ekliptik und Äquator, S = Südhimmel. Mit Nordhimmel ist hier das Gebiet nördlich von etwa 30° Deklination gemeint, das bei uns gut beobachtbar ist. Vorangestellt ist die Karte der Nordpolumgebung (NP), die auch Sternhelligkeiten bis zur 13. Größe enthält, um die Grenzgröße mit freiem Auge, Fernglas und Fernrohr abschätzen zu können. Das Gebiet der Ekliptik und des

Abb. 3: Wahre Größen (schräge Linien) in Abhängigkeit der scheinbaren Größe und Entfernung. Wahre Größen beziehen sich nur auf die Ausdehnung senkrecht zur Beobachtungsrichtung. Die radiale Ausdehnung ist in vielen Fällen unbekannt. Eine Lichtstunde ist etwa 1 Milliarde Kilometer oder 7 Astronomische Einheiten.

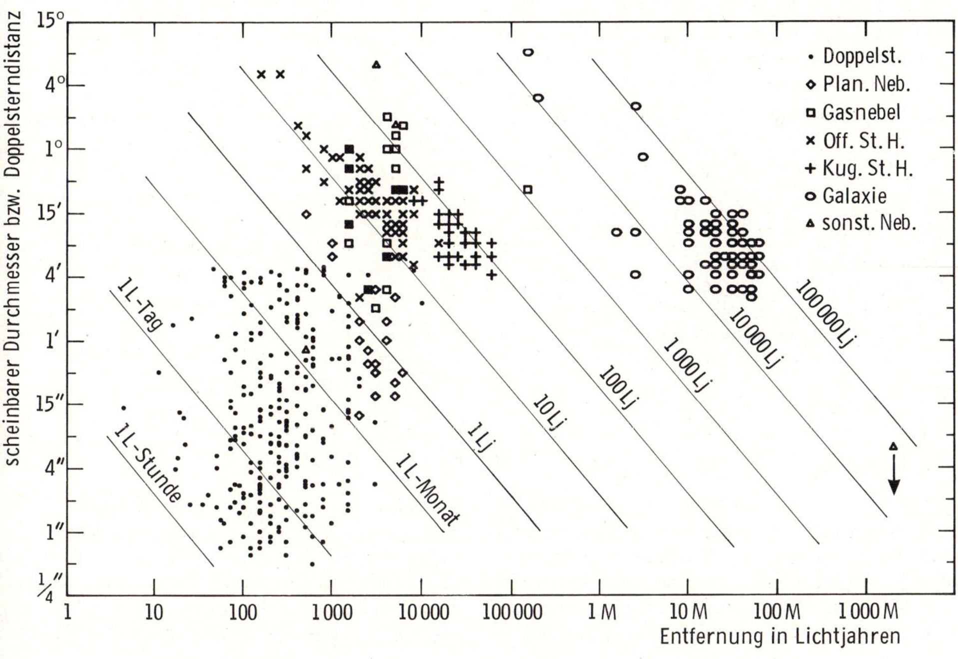

Erläuterungen

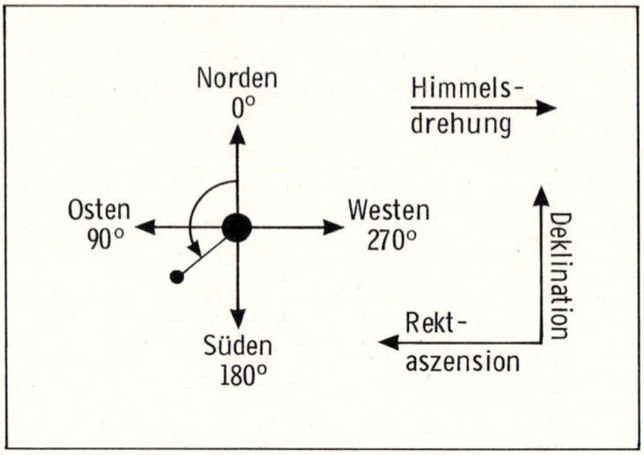

Abb. 4: Richtungen am Himmel und Positionswinkel von Doppelsternen.

Äquators umfaßt etwa die Deklinationen, in denen sich Sonne, Mond und Planeten bewegen. Sternbilder in diesem Gebiet sind nur zu bestimmten Zeiten sichtbar, am besten natürlich nahe des Meridians. Unter Südhimmel ist hier das Gebiet südlich von −36° Deklination zusammengefaßt, das von Mitteleuropa aus unbeobachtbar ist. Kommt man einmal in südlichere Gegenden, so sollte man sich die schönsten Objekte des Südhimmels nicht entgehen lassen.
Innerhalb jeder dieser drei Gruppen sind die Sternkarten nach Rektaszension von 0 bis 24 angeordnet. Die Karten N12, E12 und S12 zeigen also Gebiete bei ungefähr 12^h Rektaszension. Auch die Kataloge in jeder Karte sind nach Rektaszension geordnet, also von rechts nach links in den Sternkarten. Ferner zeigen die Karten E0, E2, E4 usw. hauptsächlich den Bereich südlich des Äquators, E1, E3 usw. eher nördlich davon. Für die genaue Verteilung der Karten ziehe man die Übersichtskarten der letzten Seite zu Rate.

Richtungen am Himmel

Auf der Erdkugel sind wir mit den Himmelsrichtungen wohl vertraut. Genauso gibt es an jeder Position der Himmelskugel die vier Richtungen. Norden ist die Richtung zum Polarstern (genauer Himmelsnordpol). Westen ist die Richtung, in die alle Gestirne als Abbild der Erdrotation wandern. Blicken wir zu einem Sternbild nach Süden, so ist Norden oben, Westen rechts, Süden unten und Osten links. Osten und Westen auf Sternkarten sind also gerade entgegengesetzt wie auf Landkarten. Wie bei Landkarten üblich, haben auch alle Sternkarten in diesem Atlas Norden oben.
Beim Vergleich zwischen Himmel und Sternkarten ist es wichtig, die Nordrichtung zu kennen, um die Sternkarte entsprechend drehen zu können.
Im umkehrenden Fernrohr ist Norden meist unten zu finden. Wer sich nicht ganz sicher ist, braucht nur die Bewegung der Sterne (bei abgestellter Nachführung) zu verfolgen; sie wandern immer nach Westen. Zu beachten ist weiterhin, daß bei der Fernrohrbeobachtung mit Zenitprisma ein gespiegeltes Bild entsteht. Für das Aufsuchen von Objekten ist daher ein Zenitprisma weniger zu empfehlen.
Doppelsternbeobachter möchten oft genau wissen, in welcher Richtung eine schwächere Komponente vom Hauptstern aus steht. Hierfür verwendet man den Positionswinkel, der von Norden (0°) über Osten (90°), Süden (180°) nach Westen (270°) gezählt wird (siehe Abb. 4). Bei einem Positionswinkel von 135° findet man also die schwächere Komponente südöstlich der helleren.

Größenangaben, Maßstab

Am Himmel werden Distanzen und Größen in Grad, Bogenminuten und Bogensekunden angegeben ($1° = 60'$, $1' = 60''$). So sind hier Deklinationen in Grad, Durchmesser von Nebeln in Bogenminuten und Doppelsternabstände in Bogensekunden angegeben. Auf gemischte Angaben wie $8°48'$ oder $3'12''$ wurde verzichtet; sie werden in der Astronomie immer mehr vermieden.
Bei Benutzung von Sternkarten ist es immer wichtig, sich über den Maßstab im klaren zu sein. Die Sternkarten in diesem Atlas haben den Maßstab 4°/cm, die runden Ausschnittsvergrößerungen 1°/cm.

Abstände am Himmel kann man mit Hilfe seiner ausgestreckten Hand abschätzen. Ist die Hand knapp 60 cm vom Auge entfernt, so gilt 1 cm = 1°. Eine „vermessende" Hand ist somit ein gutes Hilfsmittel für den Beobachter.

Bei der Beobachtung mit Fernglas und Fernrohr ist es genauso nützlich, den Gesichtsfelddurchmesser zu kennen. Mit Hilfe des Vollmonds von etwa 0.5° = 30′ Durchmesser kann man ihn abschätzen. Besser sind Herstellerangaben oder eigene Messungen. Beispielsweise entspricht ein Fernglas-Blickfeld von 5° einem 5 cm großen Kreis in den Ausschnittsvergrößerungen.

Jede Landkarte und jede Sternkarte ist in irgendeiner Weise verzerrt, d. h., der Maßstab ändert sich innerhalb der Karte. Sternkarten, die einen großen Teil des Himmels überdecken wie die Übersichtskarten auf Seite 128, haben notwendigerweise eine große Verzerrung. Für die übrigen Sternkarten konnte die Verzerrung durch geeignete Wahl der Projektionen klein gehalten werden. Diese Projektionen haben die Eigenschaft, daß die Rektaszensionskreise Geraden sind, welche die Deklinationskreise überall rechtwinklig schneiden. Der Maßstab in Nord-Süd-Richtung beträgt genau 4.0°/cm, während er in Ost-West-Richtung nur wenig um diesen Wert schwankt, wie Abb. 5 zeigt. Die Ausschnittsvergrößerungen sind stereographische Projektionen und wegen ihrer beschränkten Himmelsfläche praktisch verzerrungsfrei.

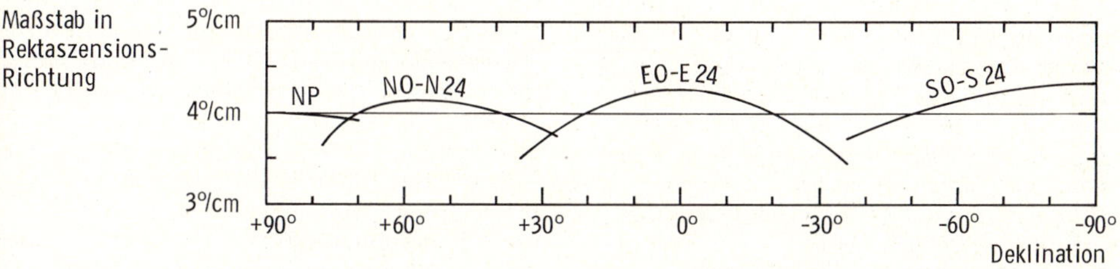

Abb. 5: Der Maßstab der Sternkarten in Rektaszensionsrichtung. Der Maßstab in Deklinationsrichtung beträgt überall genau 4.0°/ cm. Der Unterschied zwischen beiden Werten bleibt gering; die Sternkarten sind damit kaum verzerrt.

Helligkeit

In der Astronomie werden Helligkeiten in Größenklassen gemessen und durch ein hochgestelltes ^{m} gekennzeichnet. Mit freiem Auge lassen sich je nach Sichtbedingungen etwa Sterne bis 6^m beobachten (siehe Tab. 2). Mit Fernglas und Teleskop lassen sich wesentlich schwächere Sterne sehen. Sternkarten in diesem Atlas geben also etwa den Anblick mit freiem Auge wieder (Grenzgröße 6^m), die Ausschnittsvergrößerungen etwa den Anblick im kleinen Fernglas oder Fernrohrsucher (Grenzgröße 9^m).

Sternhelligkeiten lassen sich sehr genau vermessen. Sie sind hier auf $0\overset{m}{.}1$ genau angegeben. Da Nebel aber keinen wohldefinierten Rand haben, hängt ihre Helligkeit von dem Bereich ab, den man noch zum Nebel zählt, so daß Angaben von Nebelhelligkeiten oft um eine oder zwei Größenklassen variieren. Deshalb sind hier wie schon vor 100 Jahren im New General Catalogue (NGC) Nebelhelligkeiten auf halbe Größenklassen gerundet (auf ganze Größenklassen bei Planetarischen Nebeln und Gasnebeln). Nebelgrößen und -helligkeiten beziehen sich hier etwa auf den Bereich, der unter sehr klarem Himmel erfaßt werden kann. Meist werden die Objekte kleiner und schwächer erscheinen, während professionelle Geräte wesentlich größere Außenbereiche vermessen können.

Erläuterungen

Tabelle 2

ab	Instrument	Vergrößerung	Öffnung	Grenzgröße	Auflösungsvermögen	Nebel	Doppelsterne
a	freies Auge	1×	5 mm	6^m	300″	39	–
A	besonders gutes Auge	1×	8 mm	7	200	57	5
o	kleineres Opernglas	2×	15 mm	8	150	110	17
O	größeres Opernglas	4×	25 mm	9	80	147	37
f	kleineres Fernglas	8×	40 mm	10	40	191	58
F	größeres Fernglas	15×	60 mm	11	20	238	95
t	kleineres Teleskop	20–200×	80 mm	12	1.5	249	205
T	größeres Teleskop	35–350×	150 mm	13	0.8	250	245

Tab. 2: Grenzgröße und Auflösungsvermögen von verschiedenen Instrumenten unter guten Bedingungen (dunkler Himmel, ruhige Luft, hochstehendes Objekt, gute Optik). Für ausgedehnte Objekte (Nebel) sollte man eher eine Größenklasse weniger weit ansetzen. Die beiden letzten Spalten fassen die Anzahl der beobachtbaren Nebel und trennbaren Doppelsterne des Katalogs zusammen. (Im Katalog werden auch in der Spalte „ab" die Abkürzungen des Instruments verzeichnet, mit dem man einen Nebel gerade sehen oder einen Doppelstern gerade trennen kann.) Für Testzwecke kann man sich an diesen Grenzen seines Instruments versuchen. Zum Spazierensehen sollte man sich einfacheren Objekten widmen.

Für die Beobachtung von Nebeln ist allerdings die Gesamthelligkeit oft weniger wichtig als die Flächenhelligkeit oder Helligkeitsdichte, welche die zweite Helligkeitsangabe im Nebelkatalog bedeutet. Sie wird hier als Helligkeit angegeben, die auf einen 5′ großen Kreis fällt (5′ = Auflösungsvermögen des Auges). Objekte mit großer Flächenhelligkeit ($5–7^m$) erlauben große Vergrößerungen und können daher auch bei Vollmond oder Stadtlicht gesehen werden. Lichtschwächere Objekte ($8–10^m$) erfordern schwache Vergrößerung und dunklen Himmelshintergrund. Objekte mit noch schwächerer Flächenhelligkeit ($11–12^m$) zu finden ist manchmal selbst für geübte Beobachter eine Herausforderung. Helle Sterne in Sternhaufen und helle Galaxienkerne sind auch noch bei etwas hellerem Himmelshintergrund wahrnehmbar. Andererseits sind äußere Randpartien noch schwieriger zu beobachten. Angaben der Flächenhelligkeit finden sich nicht in anderen Katalogen, obwohl sie für den Beobachter sehr nützlich sind.

Auflösungsvermögen

Das Auge hat etwa ein Auflösungsvermögen von 5′ = 300″. Scharfe Augen können engere Doppelsterne trennen wie z. B. ε Lyrae mit 3,5′ Distanz. Doppelsterne mit lichtschwachem Begleitstern sind hingegen schwieriger zu trennen. Beobachtet man mit Fernglas oder Teleskop, so verbessert sich die Auflösung auf 300″: Vergrößerung, vorausgesetzt, die Optik ist einwandfrei. Allerdings wird die Auflösung auch durch die Teleskopöffnung begrenzt und ist bestenfalls 120″: Öffnung (in mm). Die Auflösung des Auges und des Fernrohrs sind identisch, wenn die Vergrößerung etwa die 2,5-fache Fernrohröffnung (in mm) beträgt. Dies ist die höchste sinnvolle Vergrößerung. Sie kann für Doppelsterne unter guten Bedingungen benutzt werden. Nebel verlangen dagegen nach einer wesentlich kleineren Vergrößerung.

Leider haben Standardausrüstungen von Fernrohren oft höchste, unbrauchbare Vergrößerungen, während die so wichtige geringe Vergrößerung mit großem Blickfeld fehlt. Ein langbrennweitiges Okular kann da leicht Abhilfe schaffen. Eine Standardvergrößerung ist etwa 10mal kleiner als die höchste sinnvolle Vergrößerung, also Öffnung (in mm): 4. Viele Ferngläser sind in diesem Sinne optimal und einfacher zu benutzen als Fernrohre, bei denen diese Vergrößerung fehlt. Sucher von vielen billigen Fernrohren verdienen ihren Namen, denn man muß wirklich lange damit suchen. Sucher mit 50 mm Öffnung und mindestens 5° wahrem Gesichtsfeld verdienen eher den englischen Namen „Finder". Die Anschaffung eines guten Suchers kann mühevolle Sucharbeit in beeindruckende Beobachtungsstunden verwandeln. Fernglasbeobachtern sei empfohlen, das Fernglas auf ein Fotostativ zu montieren. Dies erleichtert die Beobachtung ungemein.

Kleines Griechisches Alphabet

α	alpha	ι	iota	ϱ	rho
β	beta	κ	kappa	σ	sigma
γ	gamma	λ	lambda	τ	tau
δ	delta	μ	my, mü	υ	ypsilon
ε	epsilon	ν	ny, nü	φ	phi
ζ	zeta, seta	ξ	xi	χ	chi
η	eta	o	omikron	ψ	psi
ϑ	theta	π	pi	ω	omega

Bezeichnungen

Es gibt viele Bezeichnungen für astronomische Objekte. Für die Himmelsbeobachtung genügt es, mit den wichtigsten Bezeichnungsweisen vertraut zu sein. Sternbilder werden international in den lateinischen Namen der 88 offiziellen Sternbilder angegeben. Deutsche Namen und Abkürzungen finden sich auf Seite 126. Helle Sterne werden durch einen griechischen Buchstaben (nach Bayer) oder Nummer (nach Flamsteed) zusammen mit dem Sternbildnamen im Genitiv bezeichnet, z. B. α Ori = alpha Orionis = 58 Orionis. Ferner werden auch lateinische Buchstaben für Sternbezeichnungen verwendet, und zwar für Veränderliche und solche Sterne, die keine Bezeichnung nach Bayer oder Flamsteed besitzen. Viele Sterne haben auch Namen, die hier meist in der alten Schreibweise wiedergegeben sind, während heutzutage die Schreibweisen in verschiedenen Sprachen variieren. Zur Identifizierung sind Sternnamen wenig geeignet, mit Ausnahme vielleicht der häufig verwendeten, die in den Tabellen hervorgehoben sind. Ein Wort zur Aussprache der fremdsprachigen Namen: Buchstaben in lateinischen Sternbildnamen wurden ursprünglich immer gleich ausgesprochen, also ei wie [e-i], eu wie [e-u], c wie [k]. So wurde aus dem lateinischen Cepheus der deutsche Kepheus. ζ Cep sollte man also [seta kefe-i] sprechen. Allerdings gibt es bei Aussprache kein richtig oder falsch. Dialekt ist ja auch kein falsches Deutsch.

Messier hat im 18. Jahrhundert 103 Nebel katalogisiert, die später auf 110 ergänzt wurden. In wenigen Fällen sind Messiers Beschreibungen nicht ganz eindeutig, so daß die Identifizierung umstritten ist. Messier-Objekte sind mit einem „M" bezeichnet. Ein weit umfassenderes Verzeichnis bildet der New General Catalogue (NGC) zusammen mit dem Index Catalogue (IC). Objekte des NGC-Katalogs sind durch reine Nummern gekennzeichnet, während beim Index Catalogue „IC" vorangestellt ist. Alle Nebel sind auf Seite 122 verzeichnet.

Spektralklassen

Aus dem Spektrum eines Sterns kann seine Oberflächentemperatur, chemische Zusammensetzung, Größe, Masse und Rotation abgeleitet werden, alles wichtige Größen für den Astronomen. Für den Beobachter ist zumindest die Sternfarbe interessant. So werden Sterne nach ihrem Spektrum in Spektralklassen und Leuchtkraftklassen eingeteilt. Man unterscheidet die Spektralklassen O, B, A, F, G, K, M, C, jeweils unterteilt von 0 bis 9. O-Sterne sind die heißesten und bläulichsten, C-Sterne die kühlsten und rötlichsten. Die tatsächli-

Tabelle 3

Vergrößerung	1×	3×	6×	15×	30×	60×	150×	300×
Doppelstern trennbar	5′	100″	50″	20″	10″	5″	2″	1″
erscheint mondgroß	0.5°	10′	5′	2′	1′	0.5′	0.2′	0.1′
füllt Gesichtsfeld	50°	1000′	500′	200′	100′	50′	20′	10′

Tab. 3: Doppelsterndistanzen und Nebeldurchmesser, die bei einer bestimmten Vergrößerung auf 5′ (Auflösungsvermögen des Auges), auf 0.5° (Vollmondgröße) bzw. auf 50° (Gesichtsfelddurchmesser) vergrößert werden.

che Leuchtkraft eines Sterns erkennt man an seiner Leuchtkraftklasse. Die Klasse I a enthält die leuchtkräftigsten Sterne (Überriesen). Über die Klassen I b, II, III und IV geht es bis zur Klasse V der Hauptreihe. Zuweilen unterscheidet man noch Zwischenstufen und Spezialklassen, die hier unberücksichtigt bleiben sollen.
Ein „d“ vor dem Spektraltyp besagt, daß es sich hier um zusammengesetztes Licht eines Doppelsterns handelt. Die Spektraltypen der einzelnen Komponenten findet man unter den Doppelsternen katalogisiert. Besonders schöne Farbkontraste sind dabei mit einem „!“ zwischen beiden Spektraltypen gekennzeichnet. Für genaue Beobachter sei noch erwähnt, daß die Spektralklasse eines Sterns nicht exakt mit seiner Farbe korreliert, und daß Sterne ab etwa 1000 Lichtjahren Entfernung durch interstellare Absorption etwas rötlicher erscheinen.
M-Sterne bezeichnet man oft als „tiefrote“ Sterne, da sie am roten Ende des Hertzsprung-Russell-Diagramms stehen (siehe Abb. 6). Dies besagt aber keineswegs, daß sie tiefrotes Licht aussenden. Tatsächlich sind M-Sterne weißer als beginnende Weißglut. Ein heller M-Stern im Fernrohr läßt sich gut mit dem ungefilterten Lämpchen einer Taschenlampe vergleichen. Beide leuchten gelblich, aber bestimmt nicht tiefrot. Allerdings sollte man bei seiner nächtlichen Beobachtung eine wirklich tiefrot gefilterte Taschenlampe benutzen. Nach Verwendung einer weißen Taschenlampe benötigt das Auge etwa 30 Minuten, um wieder seine volle Empfindlichkeit zu erreichen. Ein tiefrotes Licht stört die Adaption des Auges hingegen unwesentlich.

Doppelsterne

Doppelsterne unterteilt man in physische (eigentliche) Doppelsterne und optische Doppelsterne, bei denen die Komponenten zwar in gleicher Richtung stehen, aber in verschiedener Entfernung und damit räumlich weit getrennt. In vielen Fällen ist jedoch unbekannt, ob es sich um physische oder optische Doppelsterne handelt. Daher wird in diesem Atlas das für den Beobachter wichtige Kriterium benutzt: Stehen zwei Sterne in mehr als 5′ = 300″ Distanz am Himmel, so erscheinen sie als zwei getrennte Sterne im Sternkatalog. Stehen sie dichter als 300″ beisammen, so enthält der Sternkatalog nur einen Stern mit dem Gesamtlicht, während die Sterne einzeln unter den Doppelsternen verzeichnet sind. Da 5′ gerade das Auflösungsvermögen des freien Auges ist, gibt die Tabelle der Sterne wieder, wie sie dem freien Auge erscheinen; die Tabelle der Doppelsterne zeigt den Anblick im Fernrohr.
Doppelsterne, die sich zwischen 1990 und 2010 unwesentlich zueinander bewegen, besitzen nur eine Eintragung unter Positionswinkel und Distanz. Schneller bewegte Systeme sind für 1990 (erste Eintragung) und weitere Jahre bis 2010 verzeichnet, genaugenommen für den jeweiligen Jahresbeginn, was aber nur bei den schnellsten Systemen von Bedeutung ist.
Bei Mehrfachsternen sind weitere Kompo-

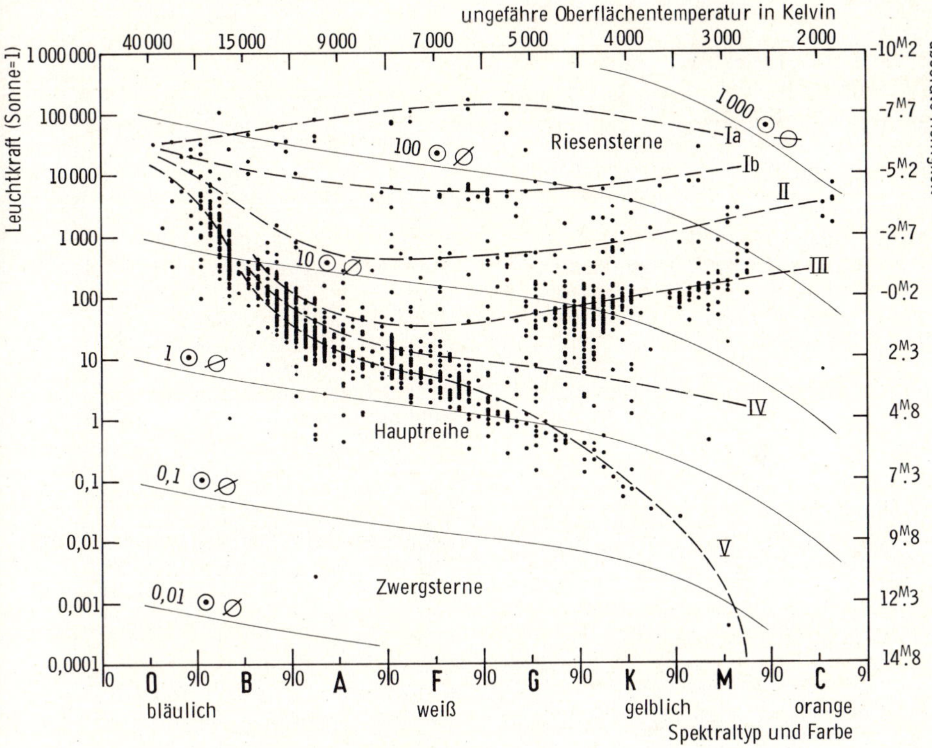

Abb. 6: Das Hertzsprung-Russell-Diagramm, ergänzt durch die Spektralklasse C. Durch die Auswahl nach Helligkeit scheinen die meisten Sterne heller als die Sonne zu sein. Tatsächlich leuchten aber über 80 Prozent der Sterne schwächer als die Sonne. Die gestrichelten Linien markieren die ungefähre Lage der Leuchtkraftklassen. Anhand der durchgezogenen Linien kann man den Sterndurchmesser in Einheiten des Sonnendurchmessers (1,4 Millionen Kilometer) abschätzen. Die absolute Helligkeit ist die Helligkeit aus einer Entfernung von 10 pc = 32,6 Lichtjahre.

nenten unter dem Begleitstern verzeichnet. Positionswinkel und Distanz werden bei allen Begleitsternen vom Hauptstern aus gemessen, außer wenn durch ein „B" angedeutet ist, daß sie relativ zum direkt darüber genannten Begleitstern gemessen sind.

Veränderliche Sterne

Veränderliche kann man in zwei Gruppen unterteilen: Bedeckungsveränderliche (zwei Sterne bedecken sich) und physisch Veränderliche (physische Veränderung eines Sterns). Bei den Bedeckungsveränderlichen unterscheidet man den Algol-Typ vom β Lyrae-Typ. Algol-Sterne leuchten die meiste Zeit im konstanten, maximalen Licht, während sich die Helligkeit von β Lyrae-Sternen dauernd verändert. Physisch Veränderliche unterteilt man in unregelmäßige, halbregelmäßige, δ Cephei-Sterne (kurzperiodische), Mira-Sterne (langperiodische) und ferner Novae, die in

Tabelle 4

Physisch Veränderliche	
unregelmäßig, halbregelmäßig	meist großer Stern im nicht stabilen Zustand
Mira-Typ	langperiodisch, leichte Periodenschwankung, großer Lichtwechsel
Cepheid	kurzperiodisch, ziemlich regelmäßig, nach δ Cephei benannt
Bedeckungsveränderliche	
Algol-Typ	kurze Minima, lange konstant im Maximumslicht, sehr regelmäßig
β Lyrae-Typ	Helligkeit dauernd wechselnd, sehr regelmäßig

Tab. 4: Klassifikation der Veränderlichen Sterne.

diesem Atlas nicht verzeichnet sind. Diese Einteilung ist ziemlich grob. Zuweilen unterscheidet man 50 verschiedene Klassen von Veränderlichen.

Für Beobachter von Veränderlichen enthält der Katalog wichtige Daten: Maximums- und Minimumszeiten (Max., Min.) von Veränderlichen werden im Julianischen Datum angegeben, das auf Seite 120 tabelliert ist. Damit lassen sich alle Maxima oder Minima durch Addieren eines Vielfachen der Periode (Per.) relativ einfach berechnen. Verzeichnet ist ferner die Phase des Minimumszeitpunkts bei physisch Veränderlichen bzw. die Phase des maximalen, konstanten Lichts bei Algol-Sternen. Die Phase bezeichnet die Zeit seit dem letzten Maximum bzw. Minimum in Einheiten der Periode. Ein Beispiel soll dies verdeutlichen. Wie hell ist Algol während der Mondfinsternis am 9. Februar 1990 um 20^h12^m MEZ? Dieses Datum hat nach der Tabelle auf Seite 120 die Tageszahl 2447932.30. Algol hat die Daten (siehe Seite 28): Periode 2.86731d, Minimum 2447528.20, Phase maximalen Lichts 0.07–0.93. Nun rechnet man (2447932.30 – 2447528.20) : 2.86731 = 140.93, d. h. 140 ganze Perioden sind verflossen und die Phase beträgt 0.93. Da maximales Licht gerade bis zur Phase 0.93 gilt, beginnt Algol eben seinen Abfall zum Minimum.

Bedeckungsveränderliche haben auch ein Nebenminimum in der Mitte zwischen zwei Hauptminima (bei Phase 0.5), das aber in den meisten Fällen unauffällig ist. Nicht in jeder Periode erreichen alle Veränderlichen ihre absoluten Extremhelligkeiten. Beispielsweise wird Mira bis zu $2^m.0$ hell, in manchen Maxima aber nur $4^m.0$. Unter „m.H." ist dann die mittlere Helligkeit oder mittlere Helligkeitsschwankung vermerkt.

Nebel

Die meisten Nebel kann man in fünf Gruppen einteilen: Planetarische Nebel, Gasnebel, offene und kugelförmige Sternhaufen und Galaxien.

Planetarische Nebel: Sie bekamen ihren Namen durch ihr Aussehen, das in Farbe und Größe oft an den grünlichen Uranus erinnert. Es handelt sich hierbei um die von einem heißen Zentralstern abgestoßenen äußeren Gashüllen. Im Fernglas erscheinen sie oft sternförmig. Erst bei stärkerer Vergrößerung kann man ihre Gestalt erkennen. Ringe und Scheiben sind die häufigsten Formen. Planetarische Nebel erscheinen wesentlich auffälliger, wenn man Grünfilter verwendet, am besten sogenannte Nebelfilter. Sie lassen das grüne Licht der Nebel hindurch, absorbieren aber einen großen Teil des übrigen Spektrums, wodurch sich der Kontrast zwischen Nebel und Hintergrund deutlich verbessert. Im Amateurteleskop läßt sich ihre Färbung höchstens erahnen. Erst in Riesentelesko-

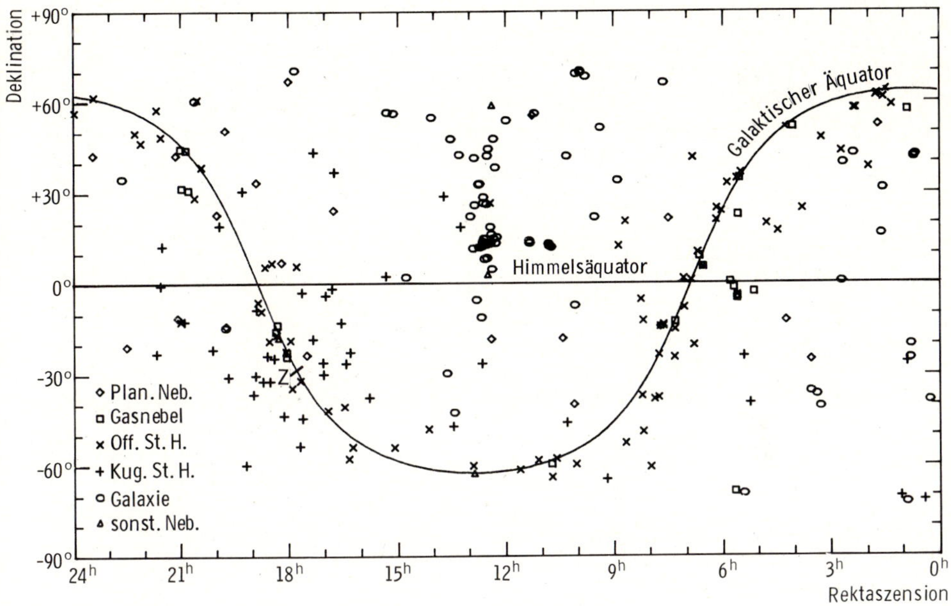

Abb. 7: Verteilung der Nebel am Himmel. Planetarische Nebel, Gasnebel und Offene Sternhaufen befinden sich nahe der Milchstraßenebene (= Galaktischer Äquator). Kugelförmige Sternhaufen finden sich auch abseits davon, sind aber zum Milchstraßenzentrum Z hin konzentriert. Galaxien meiden den Galaktischen Äquator und sind zum Virgohaufen (Mitte) hin konzentriert. In der Milchstraßenebene kann man wegen interstellarer Absorption durch Staub nur etwa 10 000 Lichtjahre weit blicken. Abseits der Milchstraße sieht man aber Millionen Lichtjahre in die Tiefe des Universums. Ähnlich kann man an einem dunstigen Tag in Richtung Horizont nur einige Kilometer weit blicken, trotzdem scheint die Sonne am Himmel aus 150 Millionen Kilometer Entfernung.

pen leuchten sie intensiv grün. Kurioserweise zeigen Fotografien diese Nebel meist rot. Farbfilme sind auf das Spektrum des von Gegenständen reflektierten Sonnenlichts (bzw. Kunstlichts) abgestimmt. Das Spektrum von Emissionsnebeln ist davon so verschieden, daß große Farbfehler auftreten, was aber nicht den Wert von Astrofotografien schmälert.

Gasnebel: Hier handelt es sich meist um Gas und Staub in der Nähe von Sternentstehungsgebieten. Offene Sternhaufen mit jungen Sternen finden sich oft in diesen Gebieten. Kommt der größte Teil des Lichts von leuchtendem Gas (Emissionsnebel), so gilt für Farbe und Verwendung von Nebelfiltern das gleiche wie für Planetarische Nebel. Auch filamentartige Supernovaüberreste zeigen ein Emissionsspektrum. Sie künden jedoch nicht von Sternentstehung, sondern vom Ende eines Sternenlebens. Reflexionsnebel sind interstellarer Staub, der von hellen Sternen beleuchtet wird.

Offene Sternhaufen: Sie erscheinen höchstens dem freien Auge oder kleinem Fernglas als Nebel. Im Fernrohr sind immer die einzelnen Sterne sichtbar. Viele offene Sternhaufen sind sehr junge Objekte. In vielen Fällen sieht man noch Gas und Staub, aus dem die Sterne gerade entstan-

Tabelle 5

Typ	Form	Beschreibung	Typ	Form	Beschreibung
Plntr		PLANETARISCHE NEBEL	KugS		KUGELFÖRMIGE STERNHAUFEN
	R	ringförmig		I	Kern hell, klein, konzentriert
	K	kreisförmig, scheibenförmig		...	...
	U	unregelmäßige Formen		XII	ganz gleichförmiges Zentralgebiet
	0–9	Abplattung			
Gasn		GASNEBEL	Galx		GALAXIEN
	Em	Emissionsnebel		E	elliptische Galaxien
	Re	Reflexionsnebel		L	lentikuläre, S0-Galaxien
	Fi	filamentartige Supernova-Überreste		S	Spiralgalaxien mit
				a	großem Kern, kaum Spiralarme
	0–9	Abplattung		b	mittlerem Kern, deutliche Arme
OffnS		OFFENE STERNHAUFEN		c	kleinem Kern, längere Arme
	r	reiche Sternenzahl		d	ohne Kern, lange Spiralarme
	m	mittlere Sternenzahl		m	unregelmäßige Spiralarme
	p	arme Sternenzahl, engl. poor		Ir	irreguläre Galaxien
	n	mit Gasnebel		0–9	Abplattung

Abplattung = 10 · (Längsdurchmesser – Querdurchmesser) : Längsdurchmesser
0 = kreisförmig ... 9 = extrem langgestreckt

Tab. 5: Klassifikation der Nebel. Die unter Typ und Form genannten Abkürzungen finden sich im Katalog der Nebel.

den sind. Offene Sternhaufen mit reicher Sternenzahl haben über hundert Sterne, solche mit armer Sternenzahl nur wenige und sind meist unauffällig.

Kugelförmige Sternhaufen: Sie sind so weit entfernt, daß Einzelsterne nur in größeren Fernrohren sichtbar sind. Die hunderttausende Sterne eines kugelförmigen Sternhaufens erscheinen meist als ein mehr oder weniger zur Mitte hin konzentrierter, runder Nebelfleck.

Galaxien: Sie sind fremde Milchstraßensysteme. Mit immer größeren Teleskopen läßt sich eine immer größere Vielfalt von Galaxien-Formen erkennen. Elliptische Galaxien zeigen sich als elliptischer Nebelfleck. Ähnlich erscheinen lentikuläre Galaxien; sie besitzen Staubwolken, die im größeren Fernrohr als dunkle Flecken sichtbar sind. Spiralgalaxien haben selbst die unterschiedlichsten Gestalten. Manche sind lentikulären ähnlich, haben aber außen schwache Spiralarme. Das andere Extrem bilden Spiralgalaxien, die keinen Kern und nur Spiralarme haben. Unregelmäßige Spiralgalaxien bilden den Übergang zu den unregelmäßigen Galaxien, die sich in keine der genannten Gruppen einteilen lassen. Es gibt wesentlich differenziertere Klassifikationsschemen, die beispielsweise auch Balkenspiralen von normalen Spiralen unterscheiden. Im Amateurteleskop lassen sich jedoch feine Unterschiede meist nicht erkennen.

Abplattung: Die meisten Sternhaufen sind nahezu kreisrund. Planetarische Nebel, Gasnebel und Galaxien zeigen sich dagegen mehr oder weniger länglich. Für sie wird daher in diesem Atlas die Abplattung verzeichnet, die sonst meist nur im Zusammenhang mit elliptischen Galaxien verwendet wird. Die Skala geht von Abplattung 0 = kreisrund bis 9 = extrem langgestreckt. Eine Spiralgalaxie mit Abplattung 0 zeigt uns ihre Spiralarme am besten, während wir bei Abplattung 9 auf ihre Kante sehen, so daß Staub der zentralen Ebene sichtbar wird.

Literatur

Hier sollen nur einige Werke genannt werden, die im Zusammenhang mit diesem Atlas verwendet werden können:

Keller, Hans-Ulrich: Das Himmelsjahr. Sonne, Mond und Sterne im Jahreslauf – unter Mitarbeit von Erich Karkoschka. Ein allgemein verständliches Jahrbuch. Standardwerk seit über 80 Jahren.

Heermann, Hanns-Joachim: Drehbare Kosmos-Sternkarte mit Planetenzeiger. **Das** Hilfsmittel für die Orientierung am Sternhimmel, ⌀ 27 cm.

Naumczyk, Irene: Himmelsspaziergang. Mit Tonkassette, Mini-Sternkarte und Textheft. „Hören, wo die Sterne stehen."

Oberndorfer, Hans: Schau mal in die Sterne. Himmelsbeobachtungen mit bloßem Auge, Feldstechern und kleinen Fernrohren. Beobachtungsanleitungen und -tips.

Tirion, Wil: Sky Atlas 2000.0. Großformatige Einzelkarten bis $8^{m}.0$ mit vielen Nebeln, die ideale Ergänzung für den fortgeschrittenen Beobachter.

Hirshfeld, Alan / **Sinnott**, Roger W.: Sky Catalogue 2000.0. Katalog der Objekte für den fortgeschrittenen Beobachter.

Die ersten vier Werke sind erschienen bei: Franckh'sche Verlagshandlung, Pfizerstraße 5–7, 7000 Stuttgart 1, die letzten beiden Werke bei: Sky Publishing Corporation, 49 Bay State Road, Massachusetts, USA, zu beziehen auch durch: Treugesell Verlag, Postfach 140365, 4000 Düsseldorf 1. Bei diesen Adressen sollte man nach Prospektmaterial für sein Interessengebiet anfragen. Dort erhält man alles, von astronomischen Neuerscheinungen bis zum Fernrohr.

Sternkarten mit Katalog

Katalogangaben

NEBEL	NGC–, IC–, M–Nummer	**STERN**	Bezeichnung
Bild	Sternbildabkürzung	Helligkeit	visuelle Helligkeit, V im UBV–System
Helligkeit	visuelle Gesamthelligkeit und Flächenhelligkeit	Spektr.	Spektraltyp und Leuchtkraftklasse
Größe	Scheinbarer Durchmesser	Entf.	Entfernung in Lichtjahren
Form, Typ	siehe Tabelle 5, Seite 20	Rekt.	Rektaszension 2000.0
ab	Sichtbarkeit, s. Tab. 2, S. 14	Dekl.	Deklination 2000.0
Entf.	Entfernung (M = Millionen)		
Rekt., Dekl.	Koordinaten 2000.0		

DOPPELST.	Sternbezeichnung	**VERÄNDERLICHER**	
Helligk.	visuelle Helligkeiten	Sternbezeichnung, Typ	
Spektr.	Spektralklassen	Per.	Periode (d = Tage)
Pos.	Positionswinkel } 1990.0–	Max.	Maximumszeitpunkt
Dist.	Distanz } 2010.0	Min.	Minimumszeitpunkt
ab	Sichtbarkeit, s. Tab. 2, S. 14	m.H.	mittlere Helligkeit

STERN			Helligkeit	Spektr.	Name, Bemerkung	Entf.	Rekt.	Dekl.
48		Cas	$4^m.5$	d A4 V	. . . .	100Lj	$2^h02^m.0$	$+70^\circ.91$
50		Cas	4.0	A1 V	. . . .	120	2 03.4	+72.42
1	α	UMi	2.0	F8 Ib	**Polaris**	800	2 31.8	+89.26
78		Cam	4.8	d A1 III	nicht überall 78 Cam ⌊genannt⌋	400	12 49.2	+83.41
5		UMi	4.3	K4 III	. . . . .	250	14 27.5	+75.70
7	β	UMi	2.1	K4 III	Kochab	100	14 50.7	+74.16
13	γ	UMi	3.1	A3 II	Pherkad	200	15 20.7	+71.83
16	ζ	UMi	4.3	A3 V	. . . .	120	15 44.1	+77.79
21	η	UMi	5.0	F4 V	. . . .	80	16 17.5	+75.76
22	ε	UMi	4.2	G5 III	. . . .	200	16 46.0	+82.04
23	δ	UMi	4.4	A1 V	. . . .	150	17 32.2	+86.59
41		Dra	5.1	d F7 V	Begleitstern ist 40 Dra	100	18 00.1	+80.00
75		Dra	5.2	d G9 III	. . . .	400	20 27.9	+81.43

DOPPELST.		Helligk.		Spektr.		Pos.	Dist.	ab
48	Cas	$4^m.7$	$6^m.4$	A3	F2 '90	234°	$0''.9$	T
					2000	263	0.9	T
					2010	299	0.7	-
78	Cam	5.3	5.8	A2	A0	326	21.6	F
41	Dra	5.7	6.0	F7	F7	231	18.8	t
75	Dra	5.5	6.7	G9	G9	282	197	O

Polaris Koordinaten		
1900.0	$1^h22^m.6$	$+88^\circ.77$
1950.0	1 48.8	+89.03
1990.0	2 21.3	+89.22
2000.0	2 31.8	+89.26
2010.0	2 43.6	+89.31
2050.0	3 47.5	+89.46

Sterngrößen und Maßstab der Sternkarten

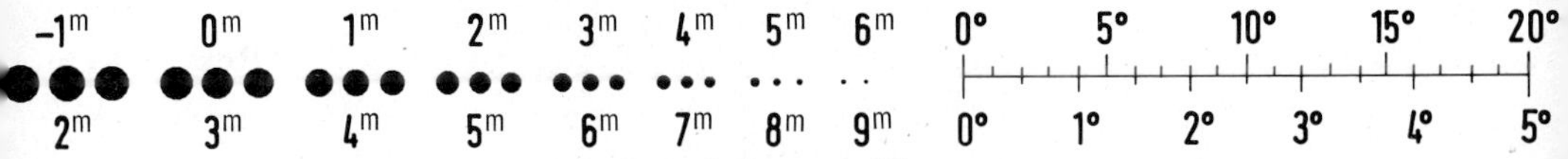

runde Ausschnittsvergrößerungen

Sternhelligkeiten in Zehntels-Größenklassen (20=2.m0, usw.)

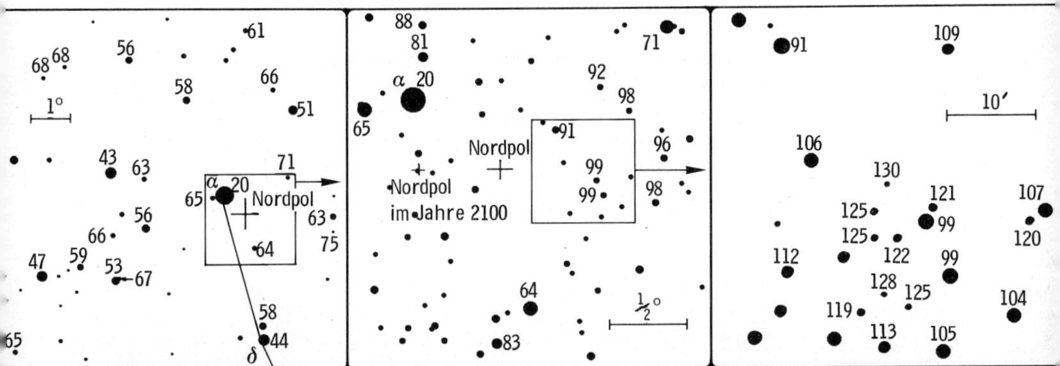

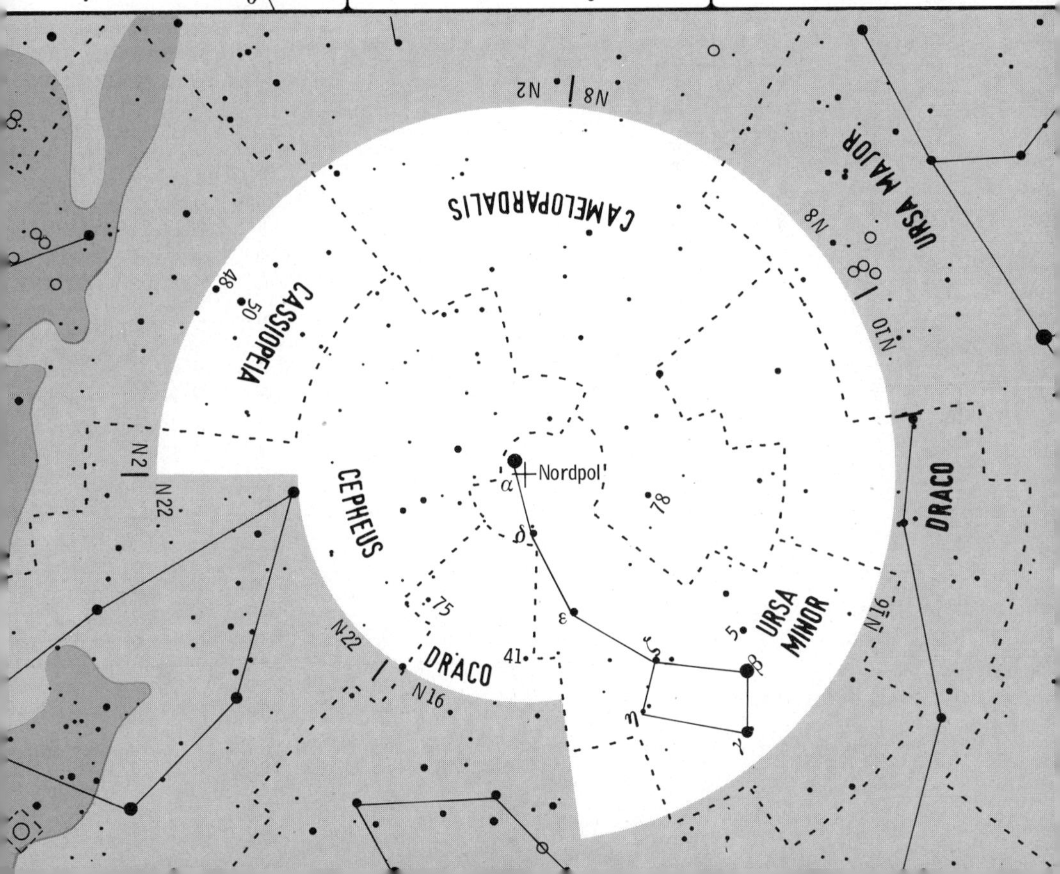

NO Nordhimmel, Herbststernbilder

NEBEL		Bild	Helligkeit		Größe	Form		Typ	ab	Entf.	Rekt.	Dekl.
205	M110	And	9^m	$10^m_{(5')}$	$10'$	E	5	Galx	f	2.5 MLj	0^h40^m	$+41^\circ.7$
221	M32	And	8½	8	4	E	2	Galx	O	2.5 M	0 43	+40.9
224	M31	And	4	10	150	Sb	7	Galx	a	2.5 M	0 43	+41.3
598	M33	Tri	6	11	50	Sc	4	Galx	o	3 M	1 34	+30.7
650	M76	Per	11	9	2.5	U	5	Plntr	t	5000	1 42	+51.6
752		And	5½	10	50	m		OffnS	A	2000	1 58	+37.7
891		And	10½	10	12	Sb	9	Galx	F	30 M	2 23	+42.3

205 M110 Begleitgalaxie des Andromedanebels, leicht asymmetrisch

221 M32 Begleitgalaxie des Andromedanebels, sternförmig im Fernglas

224 M31 **Andromedanebel, Andromeda-Galaxie**, nächste größere Galaxie, vergleichbar mit unserer Milchstraße, ziemlich heller Kern, Staubbänder westlich des Kerns, äußere Spiralarme schwach

598 M33 **Triangulum-Galaxie, Galaxie im Dreieck**, dunkler Himmel und kleinste Vergrößerung notwendig, im größeren Teleskop zeigen sich Spiralarme mit Emissionsnebeln und Sternassoziationen

650 M76 **Kleiner Hantelnebel**, schwächstes Messier–Objekt (NGC650, 651)

752 schwierig für das freie Auge, schön aufgelöst im Fernglas

891 lichtschwache Galaxie, Kantenlage deutlich im größeren Teleskop

STERN			Helligkeit	Spektr.		Name, Bemerkung	Entf.	Rekt.	Dekl.
21	α	And	$2^m.0$	B9	IV	**Alpheratz, Sirrah** . .	90Lj	$0^h08^m.4$	$+29^\circ.09$
31	δ	And	3.3	K3	III	. . . .	150	0 39.3	+30.86
35	ν	And	4.5	B5	V	. . . .	400	0 49.8	+41.08
37	μ	And	3.9	A5	V	. . . .	80	0 56.8	+38.50
43	β	And	2.1	M0	III	**Mirach**	90	1 09.7	+35.62
50	υ	And	4.1	F8	V	. . . .	45	1 36.8	+41.41
51		And	3.6	K3	III	. . . .	200	1 38.0	+48.63
	φ	Per	4.1	B2	V	. . . .	1000	1 43.7	+50.69
2	α	Tri	3.4	F6	IV	Elmuthalleth . . .	60	1 53.1	+29.58
56		And	5.0	dK2	III	. . . .	250	1 56.0	+37.26
57	γ	And	2.2	dK1	II	**Alamak**	300	2 03.9	+42.33
4	β	Tri	3.0	A5	III	. . . .	120	2 09.5	+34.99
59		And	5.5	dA0	V	. . . .	300	2 10.9	+39.04
6	ι	Tri	4.9	dG3	III	nicht überall ι Tri ge-	300	2 12.4	+30:30
9	γ	Tri	4.0	A0	V	. . . . . . ⌊nannt⌋	150	2 17.3	+33.85
15		Tri	5.1	dK6	III	. . . .	400	2 35.8	+34.70
R		Tri	5.4–12.6	M4	III	. . . .	600	2 37.0	+34.26

DOPPELST.			Helligk.		Spektr.	Pos.	Dist.	ab
56		And	$5^m.7$	$5^m.9$	K0 K4	299°	200″	o
57	γ	And	2.2	5.0	K3!B9	63	9.6	t
59		And	6.0	6.5	B9 A1	35	16.6	t
6	ι	Tri	5.2	6.8	G5 F5	69	3.9	t
15		Tri	5.4	6.8	M4!A5	17	143	O

VERÄNDERLICHER	
R Tri	Mira–Typ
Per.	266.7 d
Max.	2447615
Min.	Phase 0.56
m.H.	$6^m.2$–$11^m.7$

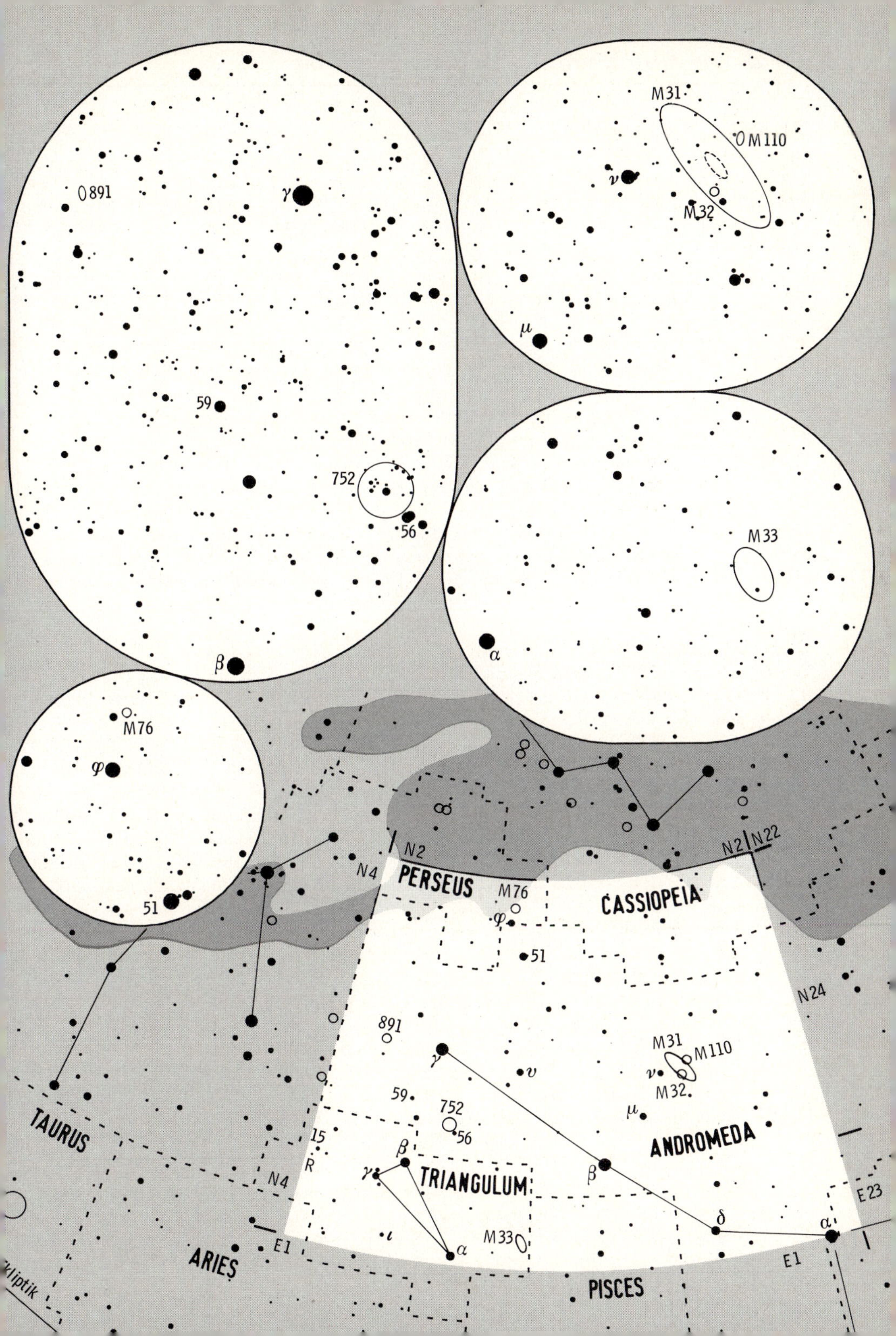

891
γ
59
752
56
β
M31
M110
ν
M32
μ
M33
α
M76
φ
51
N2
N4
PERSEUS
M76
φ
N2
N22
CASSIOPEIA
51
N24
891
γ
υ
M31
M110
ν
M32
59
μ
752
56
ANDROMEDA
15
R
β
γ
TRIANGULUM
β
N4
ι
α
M33
δ
α
E23
E1
E1
TAURUS
ARIES
PISCES
kliptik

N2 Nordhimmel, Herbststernbilder

NEBEL		Bild	Helligkeit		Größe	Form	Typ	ab	Entf.	Rekt.	Dekl.
281		Cas	8^m	$11^m_{(5')}$	25′	Em2	Gasn	f	6000Lj	0^h53^m	+56.°6
457		Cas	7	9	12	r	OffnS	o	6000	1 19	+58.3
559		Cas	8	8	6	m	OffnS	O	6000	1 29	+63.3
581	M103	Cas	7½	8	6	p	OffnS	o	6000	1 33	+60.7
654		Cas	8	8	5	m	OffnS	O	8000	1 44	+61.9
663		Cas	7	9	12	m	OffnS	o	6000	1 46	+61.3
869		Per	4½	8	25	r	OffnS	a	8000	2 19	+57.1
884		Per	4½	8	25	r	OffnS	a	8000	2 22	+57.1

281 schwach im Fernglas, interessant im Teleskop mit Nebelfilter
457 im Fernglas zeigen sich die hellsten Sterne gut aufgelöst
559 im Fernglas als schwacher Nebel sichtbar, aufgelöst im Teleskop
581 M103 aufgelöst im Fernglas, wenig besser im Teleskop
654 enthält viele schwache Sterne, erscheint daher meist nebelförmig
663 schon im Fernglas wunderbar, viele Einzelsterne in unregelmäßiger Form, enthält zwei Gebiete mit vielen lichtschwachen Sternen
869 h Persei } **Doppel–Sternhaufen, h und χ im Perseus,**
884 χ Persei } relativ einfach mit freiem Auge sichtbar, Prachtstück für das Fernglas, noch besser im Teleskop bei schwacher Vergrößerung, beide Sternhaufen enthalten je etwa 300 Sterne

STERN			Helligkeit	Spektr.	Name, Bemerkung	Entf.	Rekt.	Dekl.
11	β	Cas	$2^m.3$	F 2 IV	Chaph	45Lj	$0^h09^m.2$	+59.°15
14	λ	Cas	4.7	d B 8 V	. . . .	300	0 31.8	+54.52
17	ζ	Cas	3.7	B 2 IV	. . . .	600	0 37.0	+53.90
18	α	Cas	2.2	K0 III	Schedir	120	0 40.5	+56.54
24	η	Cas	3.4	d G0 V	. . . .	19	0 49.1	+57.82
27	γ	Cas	1.6–3.0	B0 IV	. . . .	800	0 56.7	+60.72
34	φ	Cas	4.8	d A 8 Ia	. . . .	10000	1 20.1	+58.23
37	δ	Cas	2.7	A 5 IV	Ruchbah	80	1 25.8	+60.24
45	ε	Cas	3.4	B 3 III	. . . .	500	1 54.4	+63.67
	ι	Cas	4.5	d A 5 V	. . . .	150	2 29.1	+67.40
SU		Cas	5.7–6.2	F 6 Ib	. . . .	4000	2 52.0	+68.89
9	α	Cam	4.3	O9 Ia	. . . .	3000	4 54.1	+66.34
10	β	Cam	4.0	d F 9 Ib	. . . .	1500	5 03.4	+60.44
11		Cam	4.8	d A 2 V	Begleitstern ist 12 Cam	600	5 06.2	+58.98

DOPPELST.			Helligk.		Spektr.		Pos.	Dist.	ab
14	λ	Cas	$5^m.3$	$5^m.6$	B 8	B 9	191°	0.″6	-
24	η	Cas	3.5	7.5	G0 !	M0 ’90	312	12.5	t
						2010	322	13.2	t
34	φ	Cas	5.0	7.0	F 0	B 5	231	134	O
	ι	Cas	4.6	6.9	A 4	F 5	230	2.5	t
10	β	Cam	4.0	7.4	G0	A 5	208	81	f
11		Cam	5.1	6.3	B 3 !	K0	8	180	o

VERÄNDERLICHER	
27 γ Cas	unregelm.
Per.	> 1 d
m.H.	≈ $2^m.5$
SU Cas	Cepheid
Per.	1.94932 d
Max.	2447528.87
Min.	Phase 0.60

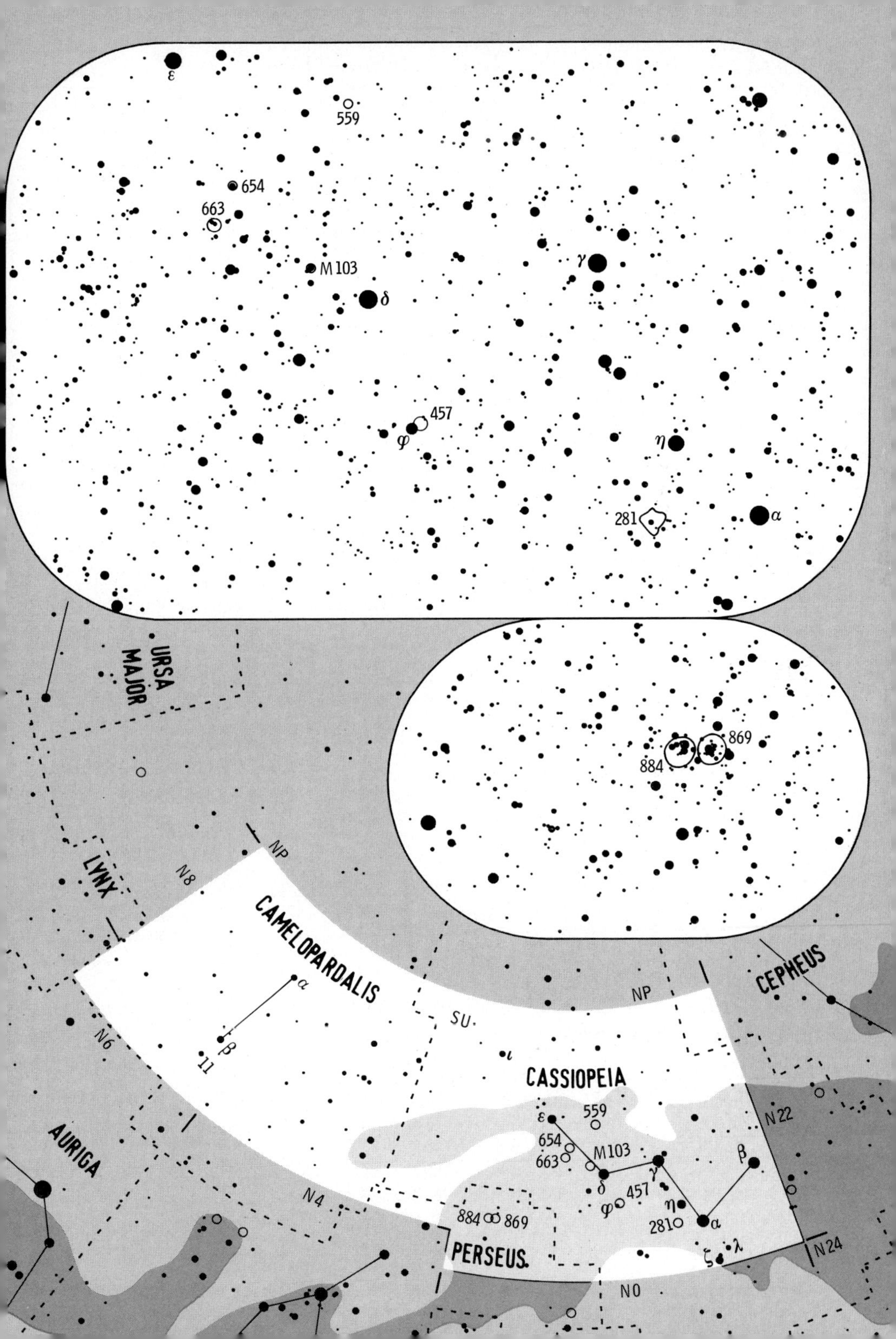
ε
559
654
663
M 103
δ
γ
457
φ
η
281
α
869
884
URSA MAJOR
LYNX
NP
N8
CAMELOPARDALIS
α
β
11
N6
AURIGA
SU
NP
ι
CEPHEUS
CASSIOPEIA
N22
ε
559
654
663
M103
δ
γ
β
457
φ
η
281
α
884
869
N4
PERSEUS
ζ
λ
N24
N0

NEBEL		Bild	Helligkeit		Größe	Form	Typ	ab	Entf.	Rekt.	Dekl.
1023		Per	10^m	9$^m_{(5')}$	5′	L 7	Galx	F	30 MLj	2^{h}40½^m	+39°.1
1039	M34	Per	6	9	25	m	OffnS	A	1500	2 42	+42.8
1245		Per	8½	11	15	r	OffnS	f	8000	3 15	+47.3
1491		Per	10	9	3	Em0	Gasn	F	2500	4 03	+51.3
1528		Per	6½	10	25	m	OffnS	o	2500	4 15	+51.2

1023 schwacher elliptischer Nebel, strukturlos im Amateurteleskop

1039 M34 sehr schöner Sternhaufen für das Fernglas, im Teleskop nur bei schwacher Vergrößerung interessant, einige Sterne scheinen entlang von Armen aneinandergereiht zu stehen

1245 schwacher Nebel im Fernglas, Einzelsterne mit größerer Öffnung zu sehen, der Hintergrund bleibt neblig (viele schwache Sterne)

1491 erst bei stärkerer Vergrößerung gut vom 11^m hellen Stern getrennt

1528 interessanter Sternhaufen in jedem Instrument, einige Einzelsterne im Fernglas sichtbar, schwache Sterne unregelmäßig verteilt

STERN			Helligkeit	Spektr.	Name, Bemerkung	Entf.	Rekt.	Dekl.
16		Per	4.^{m}2	F 2 III	. . . .	150Lj	2^{h}50.^{m}6	+38°.32
15	η	Per	3.8	K7 Ib	. . . .	800	2 50.7	+55.90
18	τ	Per	4.0	G4 III	. . . .	200	2 54.3	+52.76
23	γ	Per	2.9	G8 III	. . . .	150	3 04.8	+53.51
25	ϱ	Per	3.3–4.0	M4 III	. . . .	200	3 05.2	+38.84
26	β	Per	2.1–3.4	B 8 V	**Algol**	90	3 08.2	+40.96
	ι	Per	4.1	G0 V	. . . .	35	3 09.1	+49.61
27	κ	Per	3.8	K0 III	. . . .	150	3 09.5	+44.86
33	α	Per	1.8	F 5 Ib	**Mirphak**	600	3 24.3	+49.86
39	δ	Per	3.0	B 5 III	. . . .	300	3 42.9	+47.79
38	o	Per	3.8	B 1 III	Atik	1000	3 44.3	+32.29
41	ν	Per	3.8	F 5 II	. . . .	400	3 45.2	+42.58
44	ζ	Per	2.9	B 1 Ib	. . . .	1200	3 54.1	+31.88
45	ε	Per	2.9	d B 0 V	. . . .	600	3 57.9	+40.01
46	ξ	Per	4.0	O7 V	Menkib	1500	3 59.0	+35.79
48	υ	Per	4.0	B 3 V	. . . .	400	4 08.7	+47.71
51	μ	Per	4.1	G0 Ib	. . . .	1500	4 14.9	+48.41
1		Cam	5.4	d B 0 III	. . . .	3000	4 32.0	+53.91
57		Per	5.6	d F 0 V	. . . .	200	4 33.4	+43.05
2		Cam	5.4	d F 1 V	. . . .	120	4 40.0	+53.47

DOPPELST.			Helligk.		Spektr.			Pos.	Dist.	ab
45	ε	Per	2.^{m}9	7.^{m}4	B 0	A 0		10°	8.″8	t
1		Cam	5.8	6.9	B 0	B 0		308	10.3	t
57		Per	6.1	6.8	F 0	F 0		197	122	O
2		Cam	5.6	7.3	F 0	F 8	’90	213	0.7	-
							2000	194	0.7	-
							2010	174	0.7	-

VERÄNDERLICHER

25 ρ Per halbregelm.
Per. ≈ 50 d

26 β Per **Algol**
Per. 2.86731 d
Min. 2447528.20
Max. Ph. 0.07–0.93

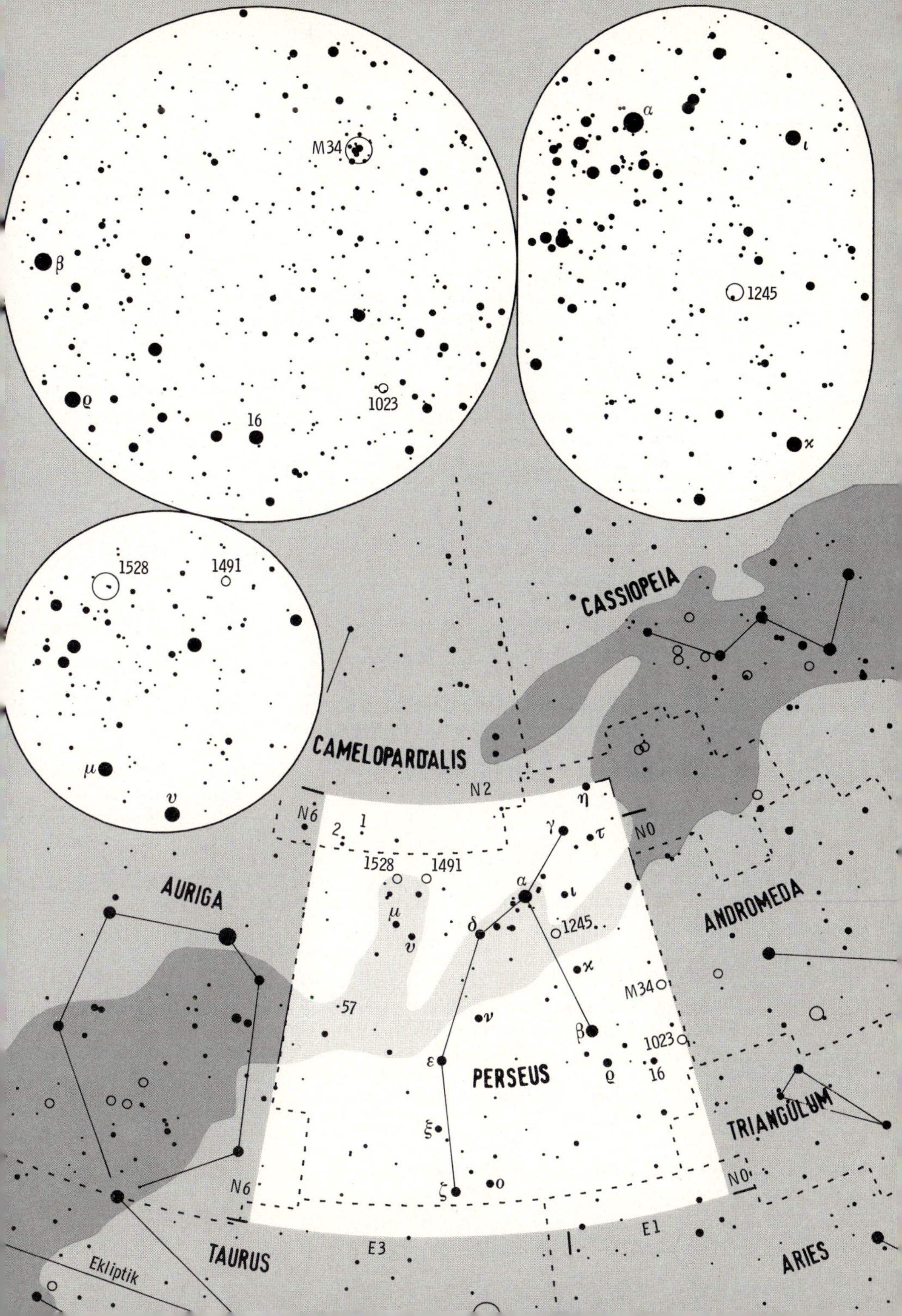

M34
β
ϱ
16
1023
α
ι
1245
ϰ
1528
1491
μ
υ
CASSIOPEIA
CAMELOPARDALIS
N2
N6
NO
η
γ
τ
AURIGA
ANDROMEDA
δ
57
ν
ε
PERSEUS
ξ
ζ
o
TRIANGULUM
E1
E3
TAURUS
ARIES
Ekliptik

N6 Nordhimmel, Wintersternbilder

NEBEL		Bild	Helligkeit		Größe	Form	Typ	ab	Entf.	Rekt.	Dekl.
1912	M38	Aur	7ᵐ	10ᵐ (5′)	20′	m	OffnS	o	4000Lj	5ʰ29ᵐ	+35°.8
1931		Aur	10	9	3	Em0	Gasn	F	4000	5 31½	+34.2
1960	M36	Aur	6½	8	12	m	OffnS	A	4000	5 36	+34.1
2099	M37	Aur	6	9	20	r	OffnS	A	4000	5 52	+32.5
2281		Aur	6½	9	15	p	OffnS	o	2500	6 49	+41.1

1912	M38	teilweise aufgelöst, interessante Anordnung der schwachen Sterne
1931		kleiner Gasnebel, stärkere Vergrößerung zeigt Sterne im Nebel
1960	M36	schon im Fernglas einfach in Sterne aufgelöst, relativ wenig schwache Sterne, Sternkonzentrationen entlang von Armen
2099	M37	im Fernglas sichtbar als heller großer Nebel, der sich im größeren Teleskop in eine imposante Anzahl von Sternen auflöst
2281		bestehend aus helleren, unregelmäßig verstreuten Sternen

STERN			Helligkeit	Spektr.	Name, Bemerkung	Entf.	Rekt.	Dekl.
3	ι	Aur	2ᵐ.7	K3 II	. . . .	250Lj	4ʰ57ᵐ.0	+33°.17
4	ω	Aur	4.9	d A0 V	. . . .	250	4 59.3	+37.89
7	ε	Aur	2.9–3.8	F0 Ia	. . . .	4000	5 02.0	+43.82
8	ζ	Aur	3.7–4.0	K4 II	. . . .	500	5 02.5	+41.08
10	η	Aur	3.2	B3 V	. . . .	200	5 06.5	+41.23
14		Aur	5.0	d A9 IV	. . . .	200	5 15.4	+32.69
13	α	Aur	0.1	G5 III	**Capella**	40	5 16.7	+46.00
26		Aur	5.3	d F0 III	. . . .	500	5 38.6	+30.49
32	ν	Aur	4.0	K0 III	. . . .	150	5 51.5	+39.15
33	δ	Aur	3.7	K0 III	. . . .	150	5 59.5	+54.28
34	β	Aur	1.9	A2 IV	Menkalinan	70	5 59.5	+44.95
37	ϑ	Aur	2.6	A0 III	. . . .	150	5 59.7	+37.21
41		Aur	5.8	d A4 V	. . . .	250	6 11.6	+48.71
5		Lyn	5.1	d K4 III	. . . .	400	6 26.8	+58.42
48		Aur	5.0–5.8	F9 Ib	RT Aurigae	2500	6 28.6	+30.49
12		Lyn	4.8	d A2 IV	. . . .	300	6 46.2	+59.44
15		Lyn	4.4	d G5 III	. . . .	150	6 57.3	+58.42
19		Lyn	5.1	d B8 V	. . . .	400	7 22.9	+55.28

DOPPELST.			Helligk.		Spektr.		Pos.	Dist.	ab
4	ω	Aur	4ᵐ.9	7ᵐ.8	A0	F5	2°	5″.0	t
14		Aur	5.1	7.5	A9	F	226	14.6	t
26		Aur	5.4	8.0	F0	F0	267	12.4	t
41		Aur	6.2	7.0	A3	A7	357	7.6	t
5		Lyn	5.2	7.8	K4	G8	272	96	f
12		Lyn	5.4	6.0	A2	A2 ’90	75	1.7	t
						2010	65	1.7	t
				7.3		A8	308	8.7	t
15		Lyn	4.7	5.8	G5	G	45	1.0	T
19		Lyn	5.5	6.5	B8	B9	315	14.8	t

VERÄNDERLICHER	
7 ε Aur	Algol–Typ
Max.	1985–2009
8 ζ Aur	Algol–Typ
Per.	972.16 d
Min.	2448108.2
Max. Ph.	0.02–0.98
48 RT Aur	Cepheid
Per.	3.7281 d
Max.	2447528.3
Min.	Phase 0.75

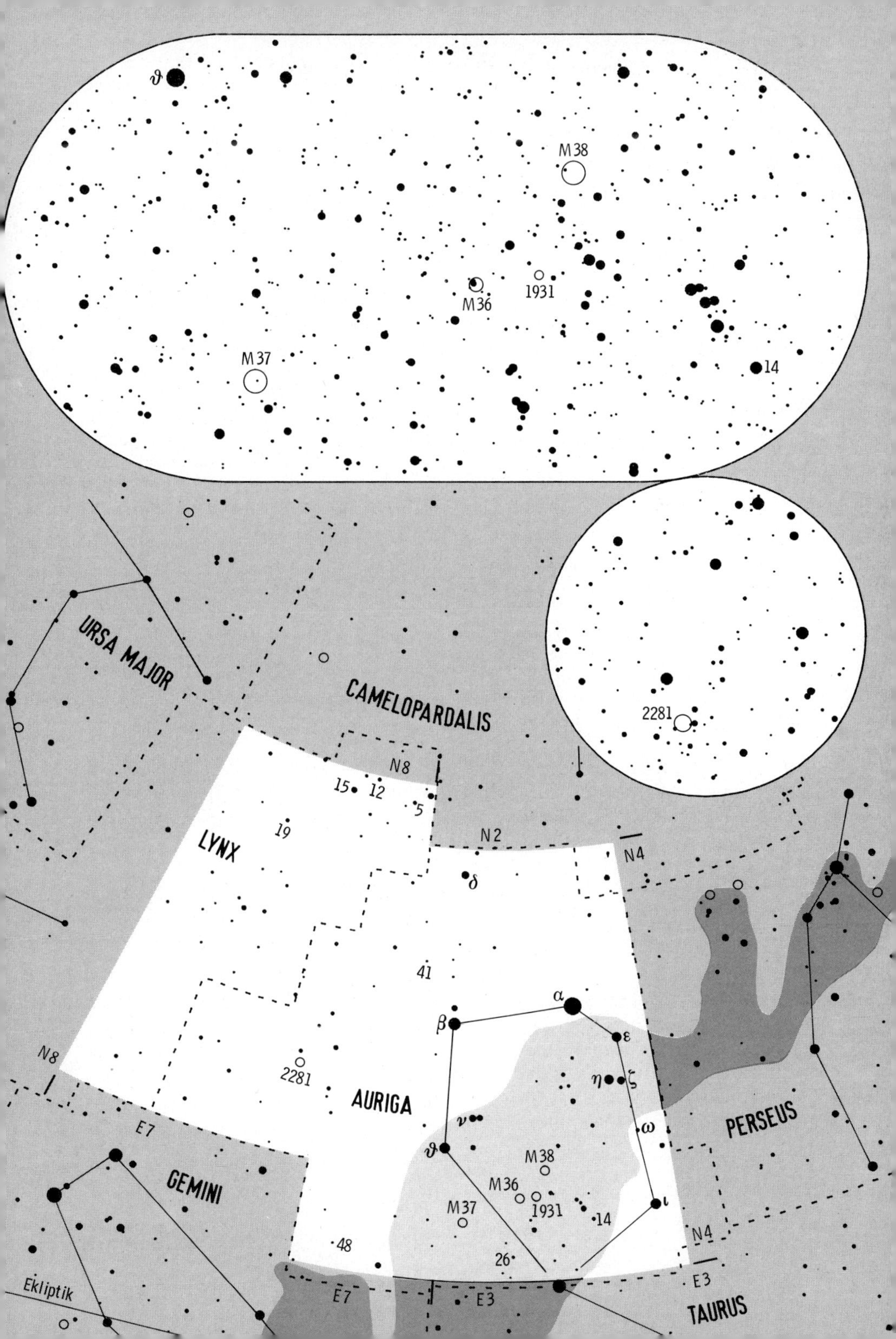

ϑ
M38
M36
1931
M37
14
2281
URSA MAJOR
CAMELOPARDALIS
N8
15
12
5
19
LYNX
N2
N4
δ
41
α
β
ε
η
ζ
2281
AURIGA
ν
ω
PERSEUS
N8
E7
ϑ
M38
M36
1931
M37
14
ι
GEMINI
48
26
N4
E3
Ekliptik
E7
E3
TAURUS

NEBEL		Bild	Helligkeit		Größe	Form	Typ	ab	Entf.	Rekt.	Dekl.
2403		Cam	$8\frac{1}{2}^m$	$10^m_{(5')}$	12′	Sc 4	Galx	f	10 MLj	7^h37^m	+65°.6
2683		Lyn	10	9	8	Sb 8	Galx	F	10 M	8 53	+33.4
2841		UMa	$9\frac{1}{2}$	10	8	Sb 6	Galx	F	30 M	9 22	+51.0
2976		UMa	$10\frac{1}{2}$	9	4	Sc 6	Galx	F	10 M	9 47	+67.9
3031	M81	UMa	7	9	20	Sb 5	Galx	o	10 M	9 56	+69.1
3034	M82	UMa	$8\frac{1}{2}$	9	10	Ir 6	Galx	O	10 M	9 56	+69.7
3077		UMa	$10\frac{1}{2}$	9	3	Ir 2	Galx	F	10 M	10 03	+68.7

2403		deutlich im Fernglas, Spiralarme schwach im größeren Teleskop
2683		lichtschwach, Kantenlage, Staubstrukturen im größeren Teleskop
2841		hellerer kleiner Kern in einem länglichen Nebel
2976		Begleitgalaxie von M81, elliptischer Nebel im Amateurteleskop
3031	M81	Hauptgalaxie einer Gruppe von Galaxien, einfach im Fernglas, helles Zentralgebiet, sternförmiger Kern, schwache Strukturen
3034	M82	hellste Begleitgalaxie von M81, aktive Galaxie in nahezu Kantenlage, wunderbare Staubstrukturen im größeren Teleskop
3077		Begleitgalaxie von M81, strukturloser Nebel mit hellerem Kern

STERN			Helligkeit	Spektr.		Name, Bemerkung	Entf.	Rekt.	Dekl.
31		Lyn	4.3	K5	III	. . . .	200Lj	$8^h22^m.8$	+43°.19
1	*o*	UMa	3.3–3.8	G5	III	. . . .	200	8 30.3	+60.72
9	*ι*	UMa	3.1	A7	V	Talitha	50	8 59.2	+48.04
10		UMa	4.0	F5	V	im Sternbild Lynx .	50	9 00.6	+41.78
12	*κ*	UMa	3.6	A0	V	. . . .	120	9 03.6	+47.16
38		Lyn	3.8	dA4	V	. . . .	90	9 18.8	+36.80
40	*α*	Lyn	3.1	K9	III	. . . .	150	9 21.1	+34.39
41		Lyn	5.3	dG7	IV	im Sternbild Ursa Major	150	9 28.7	+45.60
23		UMa	3.7	F0	IV	. . . .	80	9 31.5	+63.06
25	*ϑ*	UMa	3.2	F6	IV	. . . .	50	9 32.9	+51.68
24		UMa	4.6	G3	IV	. . . .	80	9 34.5	+69.83
29	*υ*	UMa	3.8	F2	IV	. . . .	80	9 51.0	+59.04
31	*β*	LMi	4.2	G9	III	. . . .	200	10 27.9	+36.71
46		LMi	3.8	K0	III	auch *o* LMi genannt .	80	10 53.3	+34.21

Sternbildgrenzen (gestrichelt in den Sternkarten): Als Flamsteed vor 300 Jahren die Sterne durchnumerierte, gab es keine festen Sternbildgrenzen. Sie wurden erst im Jahre 1930 von der Internationalen Astronomischen Union festgelegt. Ein paar Sterne wechselten bei dieser Festlegung ihr Sternbild, da sie zu weit außerhalb ihres ursprünglichen Sternbildes stehen oder zu zwei Sternbildern gleichzeitig gezählt wurden. So stehen nun 10 Ursae Majoris und 41 Lyncis nicht mehr in dem Sternbild ihrer Bezeichnung.

DOPPELST.		Helligk.		Spektr.		Pos.	Dist.	ab
38	Lyn	$3^m.9$	$6^m.4$	A2	G0	226°	2″.7	t
41	Lyn	5.4	7.9	G8	F9	162	70	f

VERÄNDERLICHER	
1 *o* UMa	Typ ?
Per.	358 d ?

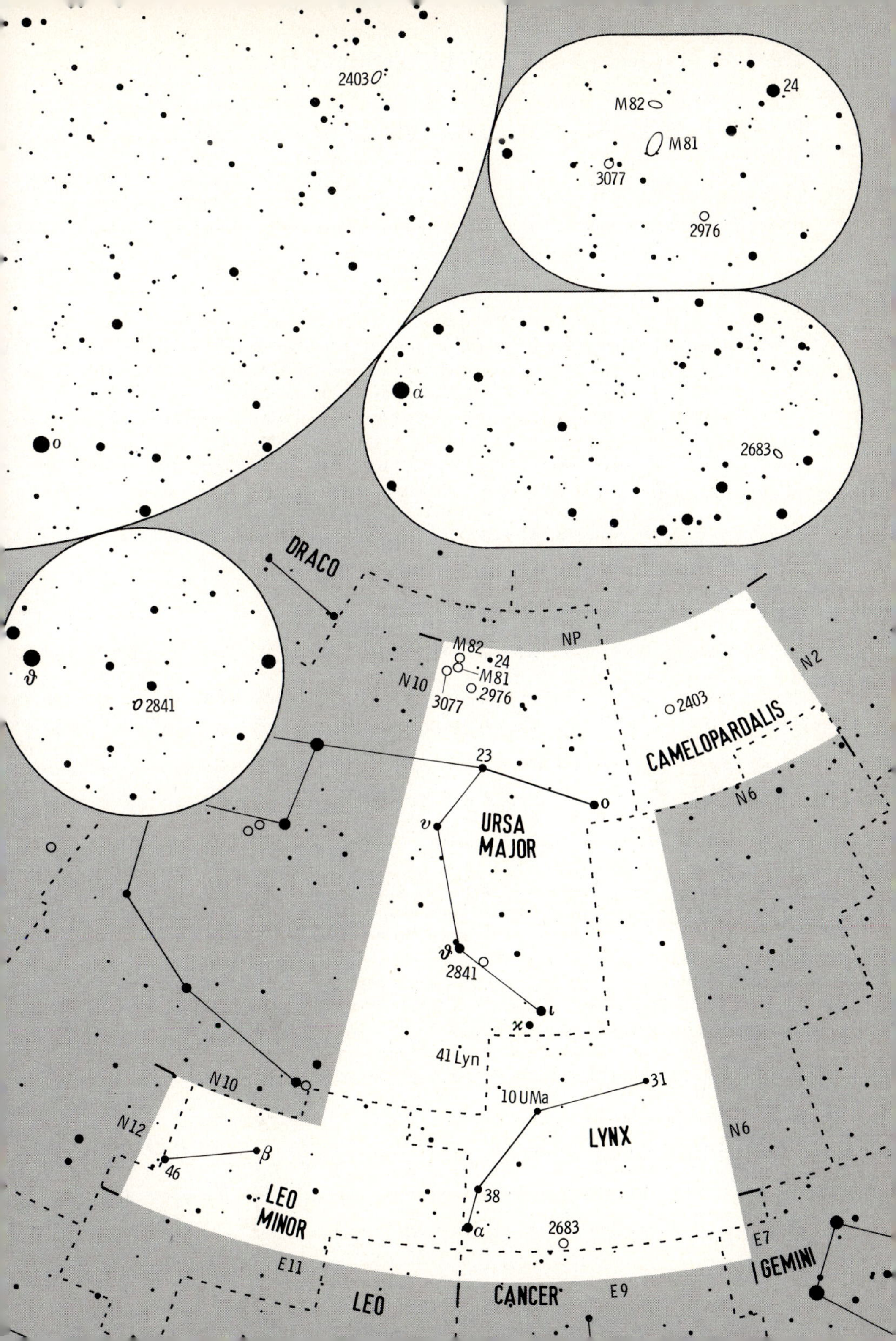
2403
M82
24
M81
3077
2976
α
2683
o
DRACO
ϑ
υ 2841
NP
M82
24
M81
N10
3077
2976
2403
N2
CAMELOPARDALIS
23
o
υ
URSA
MAJOR
N6
ϑ
2841
ι
κ
41 Lyn
N10
10 UMa
31
N12
LYNX
N6
β
46
LEO
MINOR
38
α
2683
E11
E7
GEMINI
LEO
CANCER
E9

NEBEL		Bild	Helligkeit		Größe	Form	Typ	ab	Entf.	Rekt.	Dekl.
3184		UMa	10^m	$10^m_{(5')}$	6′	Sc 2	Galx	F	25 MLj	10^h18^m	+41°.4
3556	M108	UMa	10	9	8	Sc 8	Galx	F	30 M	11 11	+55.7
3587	M97	UMa	11	10	3	K 0	Plntr	t	3000	11 15	+55.0
3992	M109	UMa	10	10	6	Sb 4	Galx	F	40 M	11 58	+53.4
	M40	UMa	8½	(4)	0.8	Doppelstern		f	500	12 22½	+58:1
5457	M101	UMa	8	11	20	Sc 1	Galx	f	15 M	14 03	+54.4

3184 lichtschwach, Spiralstruktur im Amateurteleskop unbeobachtbar

3556 M108 deutliche Kantenlage, Strukturen im größeren Teleskop angedeutet

3587 M97 **Eulennebel**, beide dunklen Augen im Amateurteleskop unsichtbar

3992 M109 schwacher Nebel mit hellerem Kern im Amateurteleskop

M40 Doppelstern, zwei 9^m Sterne in 50″ Distanz, Messier beschreibt genau diesen Doppelstern als M40, Identifizierung zweifelsfrei

5457 M101 **Spiralrad–Galaxie**, meist ist nur das hellere Kerngebiet sichtbar, erst bei exzellenten Bedingungen und schwächster Vergrößerung zeigt sich die ganz enorme Größe; die schönen Spiralarme sind im Amateurteleskop leider kaum erkennbar

STERN			Helligkeit	Spektr.	Name, Bemerkung	Entf.	Rekt.	Dekl.
33	λ	UMa	$3^m.5$	A2 IV	Tania Borealis . . .	120Lj	$10^h17^m.1$	+42°.91
34	μ	UMa	3.1	M0 III	Tania Australis . .	150	10 22.3	+41.50
VY		UMa	5.9–6.5	C5 II	. . . .	2500	10 45.1	+67.41
48	β	UMa	2.4	A1 V	**Merak**	60	11 01.8	+56.38
50	α	UMa	1.8	K0 III	**Dubhe**	80	11 03.7	+61.75
52	ψ	UMa	3.0	K1 III	. . . .	120	11 09.7	+44.50
63	χ	UMa	3.7	K1 III	. . . .	120	11 46.1	+47.78
64	γ	UMa	2.4	A0 V	**Phegda, Phad** . . .	70	11 53.8	+53.69
69	δ	UMa	3.3	A3 V	**Megrez**	60	12 15.4	+57.03
77	ε	UMa	1.8	A0 IV	**Alioth**	80	12 54.0	+55.96
78		UMa	4.9	dF3 V	. . . .	90	13 00.7	+56.37
79	ζ	UMa	2.1	dA2 V	**Mizar** } Dist. 11′.8 . .	70	13 23.9	+54.93
80		UMa	4.0	A5 V	**Alcor** } (Reiterlein) .	70	13 25.2	+54.99
85	η	UMa	1.9	B3 V	**Alkaid, Benetnasch** .	120	13 47.5	+49.31

Mizar, Alcor: Dieser Doppelstern wird gerne als Augenprüfer bezeichnet. Der Abstand von 11.8 Bogenminuten ist deutlich größer als das Auflösungsvermögen des normalen Auges (etwa 5′). Deshalb sollte man Alcor, das Reiterlein, bei dunklem Himmel mit freiem Auge gut erkennen können. Weitere Augenprüfer sind ϑ Tau (Karte E3), α Cap = Algiedi (E22), μ Sco (S21) und δ Gru (S24).

DOPPELST.			Helligk.		Spektr.		Pos.	Dist.	ab
78		UMa	$5^m.1$	$7^m.4$	F2	G6 '90	57°	1″.5	T
						2000	69	1.5	T
						2010	82	1.4	T
79	ζ	UMa	2.3	4.0	A2	A2	153	14.4	t

VERÄNDERLICHER

VY UMa unregelm.
einer der rötlichsten Sterne am Firmament

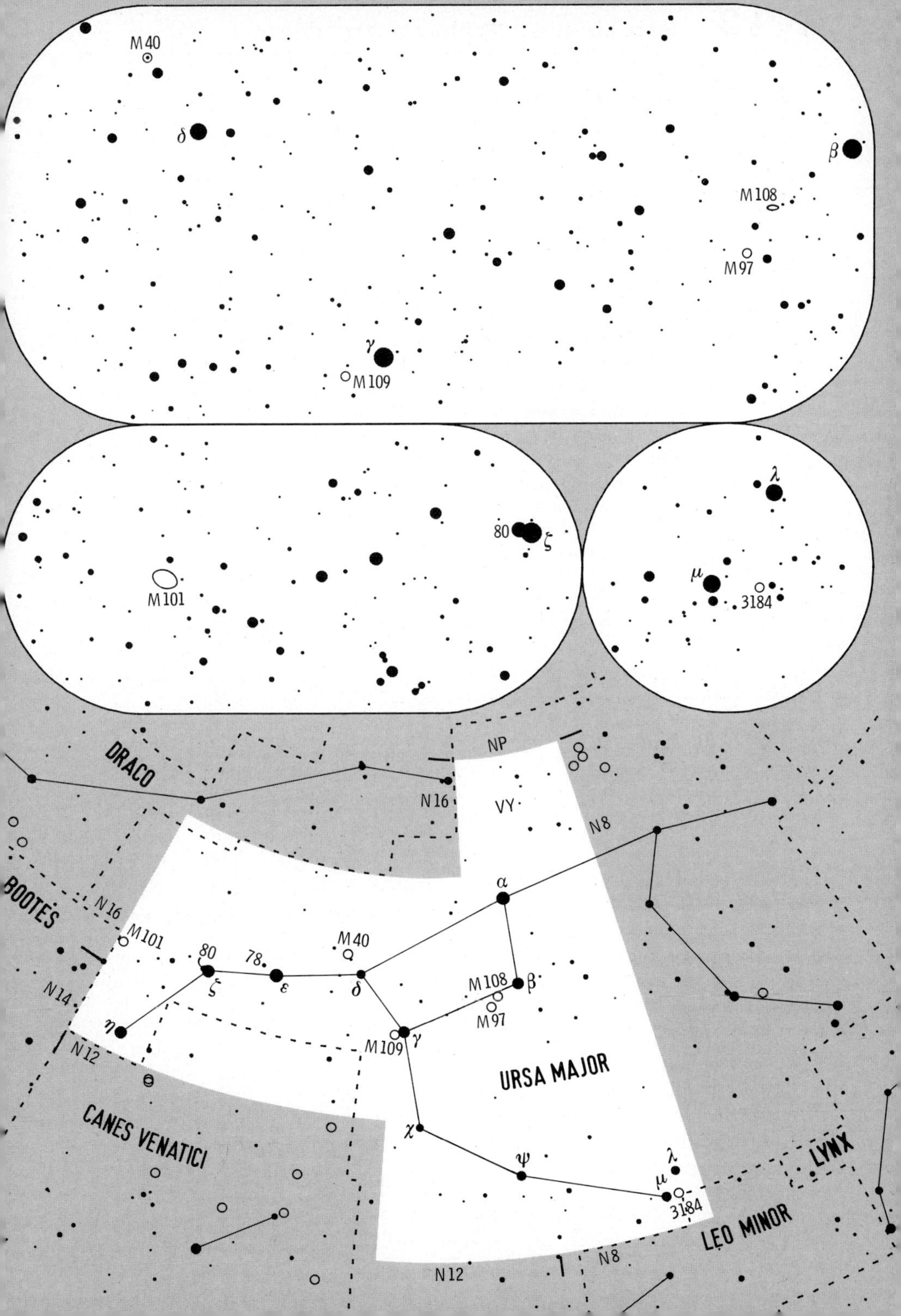
M 40
δ
β
M 108
M 97
γ
M 109
80
ζ
M 101
λ
μ
3184
DRACO
NP
N 16
VY
N 8
BOOTES
N 16
M 101
80
78
ε
ζ
M 40
δ
α
M 108
β
M 97
γ
M 109
η
N 14
N 12
URSA MAJOR
CANES VENATICI
χ
ψ
λ
μ
3184
LYNX
LEO MINOR
N 8
N 12

N12 Nordhimmel, Frühlingsternbilder

NEBEL		Bild	Helligkeit		Größe	Form	Typ	ab	Entf.	Rekt.	Dekl.
4244		CVn	$10\frac{1}{2}^{m}$	$11^{m}_{(5')}$	15′	Sc 9	Galx	t	20 MLj	$12^{h}17^{m}$	$+37.^{\circ}8$
4258	M106	CVn	$8\frac{1}{2}$	10	12	Sb 6	Galx	f	20 M	12 19	+47.3
4449		CVn	$9\frac{1}{2}$	9	4	Ir 3	Galx	F	20 M	12 28	+44.1
4490		CVn	10	9	5	Sd 6	Galx	F	20 M	12 $30\frac{1}{2}$	+41.6
4736	M94	CVn	$8\frac{1}{2}$	9	6	Sb 3	Galx	O	20 M	12 51	+41.1
5055	M63	CVn	9	10	10	Sb 5	Galx	f	20 M	13 16	+42.0
5194	M51	CVn	$8\frac{1}{2}$	10	10	Sb 2	Galx	f	20 M	13 30	+47.2
5195		CVn	10	9	3	Ir 2	Galx	F	20 M	13 30	+47.3

4244 ziemlich lichtschwache Galaxie, aber auffällige Kantenlage

4258 M106 im kleineren Teleskop als elliptischer Nebel zu sehen, im größeren Teleskop schwache Staubstrukturen, Ansätze der Spiralarme

4449 etwa rechteckige, aber asymmetrische Form, helleres Zentralgebiet, im größeren Teleskop sind Staubwolken erkennbar

4490 längliches Zentralgebiet vor einem größeren schwachen Hintergrund

4736 M94 hellerer Kern, Ansätze von Spiralarmen im größeren Teleskop

5055 M63 deutlicher Kern, Spiralarme im Amateurteleskop unbeobachtbar

5194 M51 **Strudel-Galaxie**, wunderbare Spiralarme im größeren Teleskop schwach erkennbar, ein Arm windet sich auf NGC 5195 zu, vielleicht die schönste Spirale am Firmament

5195 wahrscheinlich Begleitgalaxie von M51, schon im kleineren Teleskop als schwächerer und kleinerer der beiden Nebel sichtbar

STERN			Helligkeit	Spektr.	Name, Bemerkung	Entf.	Rekt.	Dekl.
53	ξ	UMa	$3.^{m}8$	d G0 V	Alula Australis . . .	25Lj	$11^{h}18.^{m}2$	$+31.^{\circ}53$
54	ν	UMa	3.5	K3 III	Alula Borealis . . .	150	11 18.5	+33.09
8	β	CVn	4.3	G0 V	. . . .	30	12 33.7	+41.36
Y		CVn	5.5–6.0	C6 Ib	. . . .	4000	12 45.1	+45.44
12	α	CVn	2.8	d A1 IV	Cor Caroli	120	12 56.0	+38.32
17		CVn	5.0	d A9 III	ferner Begleitstern ist	400	13 10.1	+38.50
25		CVn	4.8	d A7 III	. . . . . ⌊15 CVn⌋	200	13 37.5	+36.29

DOPPELST.			Helligk.		Spektr.			Pos.	Dist.	ab
53	ξ	UMa	$4.^{m}3$	$4.^{m}8$	G0	G0	’90	60°	1.″3	T
							1992	25	0.9	T
							1994	335	0.9	T
		Distanzminimum 0.″8					1996	304	1.3	T
		im November 1992,					1998	286	1.6	t
		Rotation 2° pro Monat					2000	273	1.8	t
							2005	243	1.7	t
							2010	208	1.6	t
12	α	CVn	2.9	5.6	A0	F0		229	19.4	t
17		CVn	5.9	6.2	A9	B9		296	79	f
				6.3		B7		297	278	o
25		CVn	5.0	6.9	A7	F0		99	1.8	T

VERÄNDERLICHER

Y CVn halbregelm.
Per. ≈ 157 d
einer der rötlichsten Sterne, Spektralklasse C, engl. Carbon star, Kohlenstoffstern, besonders rötlich im Minimum, Farbe allerdings nur bei größerer Öffnung auffällig

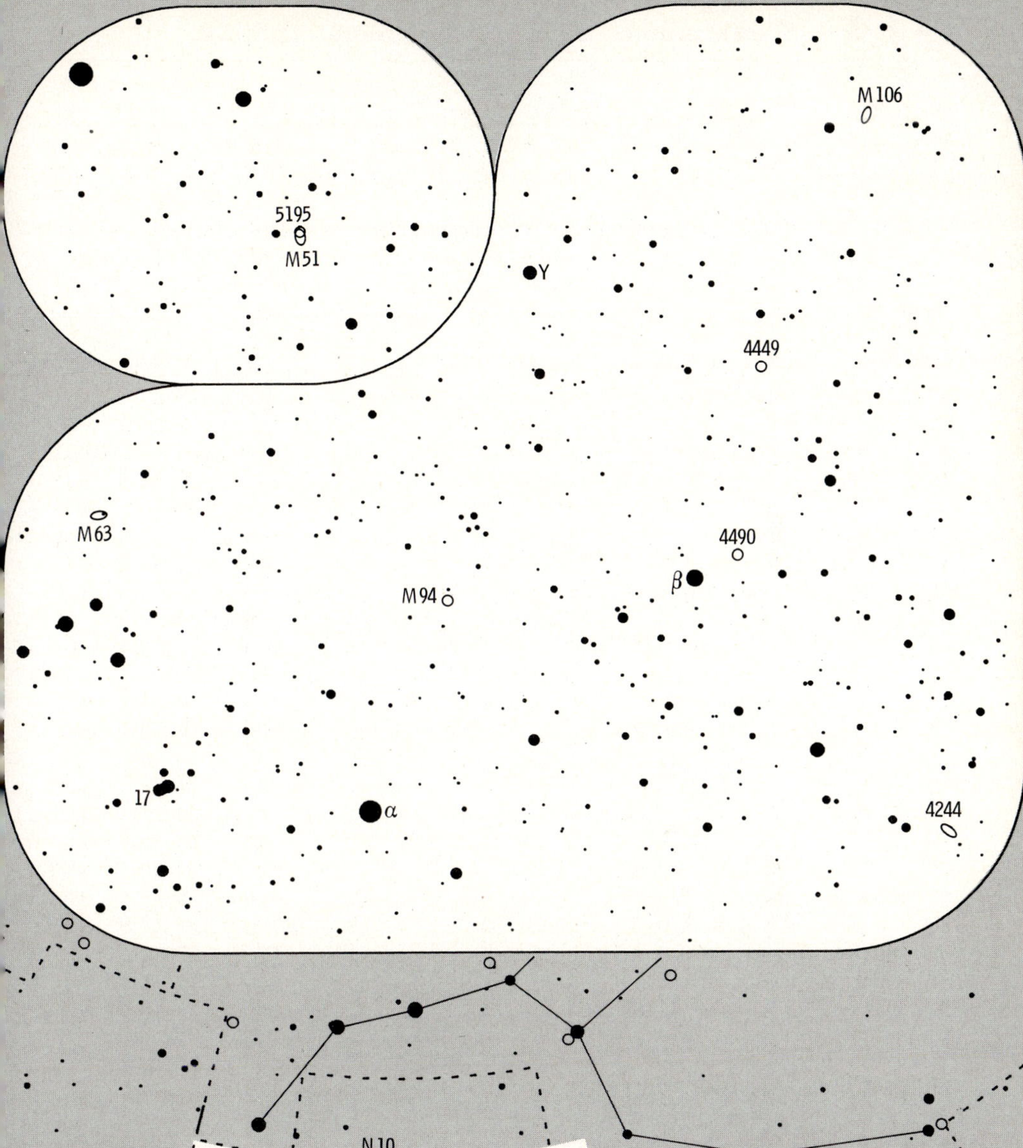
M106
5195
M51
Y
4449
M63
4490
β
M94
17
α
4244

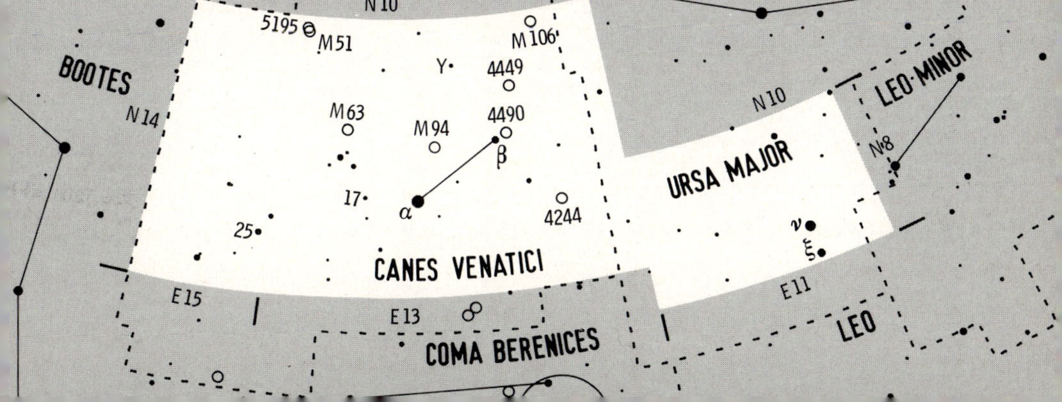
N10
5195
M51
M106
BOOTES
Y
4449
N14
M63
M94
4490
β
17
α
4244
25
CANES VENATICI
N10
URSA MAJOR
LEO·MINOR
N8
ν
ξ
E15
E13
E11
COMA BERENICES
LEO

NEBEL		Bild	Helligkeit		Größe	Form	Typ	ab	Entf.	Rekt.	Dekl.
6205	M13	Her	6^m	$8^m_{(5')}$	15′	V	KugS	A	25000Lj	16^h42^m	+36°.5
6341	M92	Her	6½	8	8	IV	KugS	o	30000	17 17	+43.1

6205 M13 **Kugelsternhaufen im Herkules**, heller Nebel im Fernglas, Randpartien aufgelöst im stärker vergrößernden Teleskop

6341 M92 ähnlich M13, Einzelsterne am Rand im größeren Teleskop

STERN			Helligkeit	Spektr.	Name, Bemerkung	Entf.	Rekt.	Dekl.
17	κ	Boo	$4^m.4$	d A 7 IV	. . . .	150Lj	$14^h13^m.5$	+51°.79
21	ι	Boo	4.7	d A 8 V	. . . .	100	14 16.2	+51.37
23	ϑ	Boo	4.1	F 7 V	. . . .	45	14 25.2	+51.85
27	γ	Boo	3.0	A 7 III	Ceginus	100	14 32.1	+38.31
39		Boo	5.7	d F 6 V	. . . .	150	14 49.7	+48.72
42	β	Boo	3.5	G8 III	Nekkar	150	15 01.9	+40.39
44		Boo	4.8–4.9	d F 9 V	i Bootis	40	15 03.8	+47.65
49	δ	Boo	3.5	G8 III	. . . .	150	15 15.5	+33.31
51	μ	Boo	4.2	d F 2 IV	Alkalurops	100	15 24.5	+37.37
7	ζ	CrB	4.7	d B 7 V	. . . .	400	15 39.4	+36.64
11	φ	Her	4.3	B 9 V	. . . .	200	16 08.8	+44.93
17	σ	CrB	5.2	d G0 V	. . . .	70	16 14.7	+33.86
22	τ	Her	3.9	B 5 IV	. . . .	400	16 19.7	+46.31
30		Her	4.3–6.3	M6 III	g Herculis	400	16 28.6	+41.88
35	σ	Her	4.2	B 9 V	. . . .	200	16 34.1	+42.44
40	ζ	Her	2.8	G0 IV	. . . .	32	16 41.3	+31.60
44	η	Her	3.5	G8 III	. . . .	80	16 42.9	+38.92
58	ε	Her	3.9	A0 V	. . . .	100	17 00.3	+30.93
67	π	Her	3.2	K3 II	. . . .	400	17 15.0	+36.81
68		Her	4.7–5.4	B 3 III	u Herculis	1200	17 17.3	+33.10
75	ϱ	Her	4.1	d A0 III	. . . .	300	17 23.7	+37.15
85	ι	Her	3.8	B 3 IV	. . . .	500	17 39.5	+46.01
91	ϑ	Her	3.9	K1 II	. . . .	400	17 56.3	+37.25

DOPPELST.			Helligk.		Spektr.		Pos.	Dist.	ab
17	κ	Boo	$4^m.5$	$6^m.7$	A 7	F 1	236°	13″.6	t
21	ι	Boo	4.8	7.7	A 8	A 2	33	38.5	F
39		Boo	6.2	6.8	F 6	F 5	45	2.8	t
44		Boo	5.1	7	F 8	G2 '90	47	1.7	T
						2000	53	2.2	t
						2010	57	2.3	t
51	μ	Boo	4.3	7.0	F 1	G2	171	108	f
				7.6		G5	8 B	2.3	t
7	ζ	CrB	5.0	6.0	B 7	B 8	306	6.3	t
17	σ	CrB	5.6	6.6	G0	G1 '90	235	6.9	t
						2010	238	7.3	t
75	ϱ	Her	4.5	5.5	A0	A0	319	4.2	t

VERÄNDERLICHER

44 i Boo β Lyr–Typ
Per. 0.2678160 d
Min. 2447527.56
Helligkeiten:
Hauptstern $5^m.1$
Begleiter $6^m.5$–$7^m.1$

30 g Her halbregelm.
Per. 70–90 d

68 u Her β Lyr–Typ
Per. 2.051027 d
Min. 2447529.47
Max. Ph.≈0.2–0.8

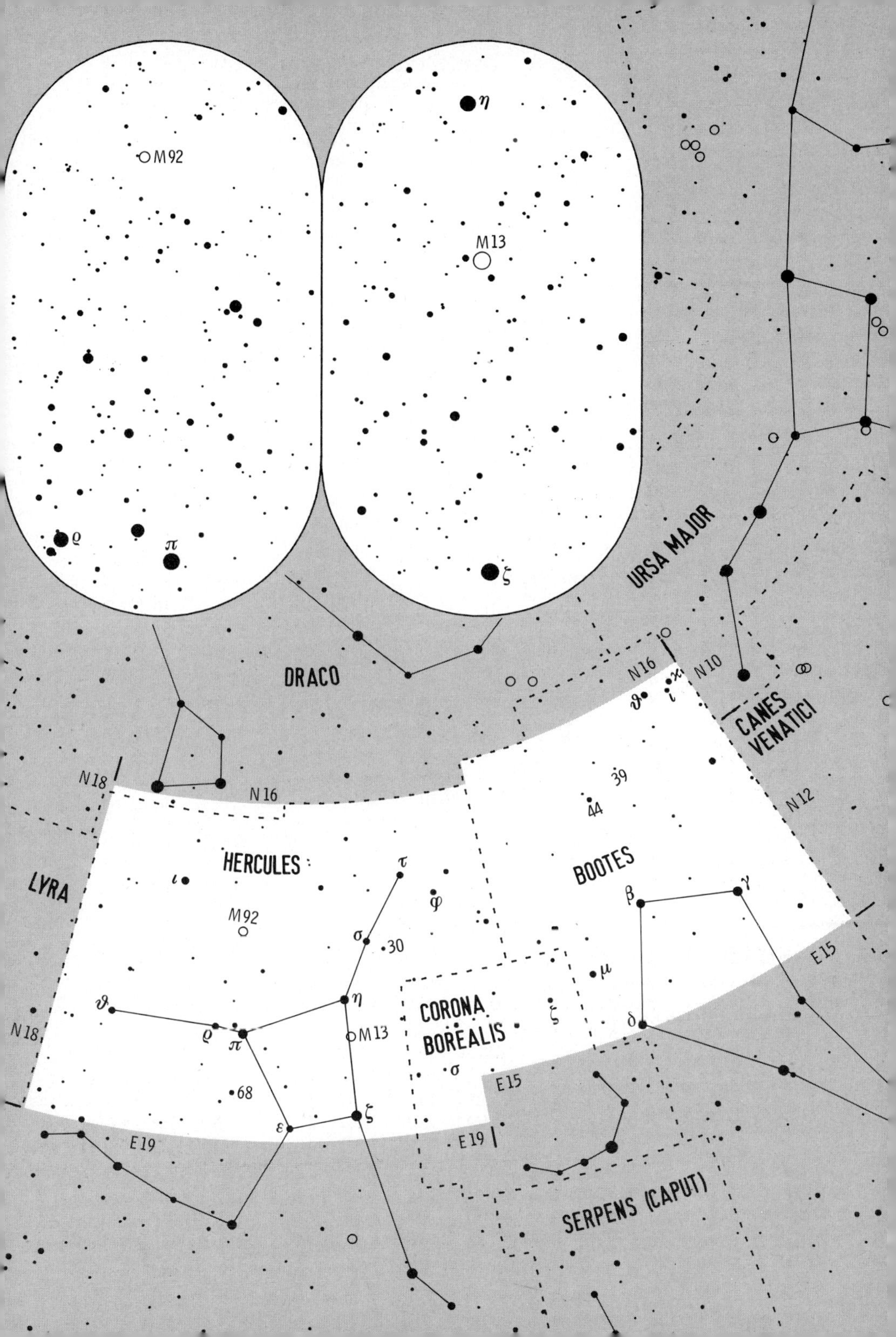
M92
η
M13
ζ
ϱ
π
URSA MAJOR
DRACO
N16
N10
CANES VENATICI
ϑ
ι
χ
39
44
N18
N16
N12
HERCULES
BOOTES
LYRA
τ
φ
ι
M92
σ
30
β
γ
E15
μ
ϑ
η
CORONA BOREALIS
ξ
N18
ϱ
π
M13
δ
σ
E15
68
ε
ζ
E19
E19
SERPENS (CAPUT)

NEBEL		Bild	Helligkeit		Größe	Form		Typ	ab	Entf.	Rekt.	Dekl.
5866	M102	Dra	$10\frac{1}{2}^m$	$9^m_{(5')}$	$3'$	L	6	Galx	F	30 MLj	$15^h06\frac{1}{2}^m$	$+55.^\circ8$
5907		Dra	$10\frac{1}{2}$	10	10	Sc	9	Galx	t	30 M	15 16	+56.3
6503		Dra	$10\frac{1}{2}$	9	5	Sc	8	Galx	t	15 M	17 49	+70.1
6543		Dra	9	4	0.5	K	3	Plntr	O	3000	17 59	+66.6

5866 M102 zeigt sich als elliptischer Nebel, siehe auch Bemerkung unten
5907 schwierig wegen Lichtschwäche, aber auffällige Kantenlage
6503 nahezu Kantenlage, deutlich länglich, nördliche Position
6543 einfach sichtbarer Planetarischer Nebel, sternförmig im Fernglas, im größeren Teleskop als helle grünliche Ellipse erkennbar

STERN			Helligkeit	Spektr.	Name, Bemerkung	Entf.	Rekt.	Dekl.
1	λ	Dra	$3.^m8$	M0 III	Giauzar	200Lj	$11^h31.^m4$	$+69.^\circ33$
5	κ	Dra	3.9	B 6 III	. . . .	400	12 33.5	+69.79
11	α	Dra	3.7	A 0 III	Thuban	200	14 04.4	+64.38
12	ι	Dra	3.3	K2 III	Edasich	150	15 24.9	+58.97
13	ϑ	Dra	4.0	F 8 IV	. . . .	60	16 01.9	+58.57
14	η	Dra	2.7	G8 III	. . . .	80	16 24.0	+61.51
17		Dra	4.5	d B 9 V	ferner Begleitstern ist	300	16 36.2	+52.91
21	μ	Dra	4.9	d F 7 V	. . . . . ⌊16 Dra⌋	80	17 05.3	+54.47
22	ζ	Dra	3.2	B 6 III	. . . .	300	17 08.8	+65.71
23	β	Dra	2.8	G2 II	Rastaben	250	17 30.4	+52.30
25	ν	Dra	4.1	d A 5 V	Begleitstern ist 24 Dra	120	17 32.2	+55.18
26		Dra	5.2	d G 1 V	. . . .	50	17 35.0	+61.87
31	ψ	Dra	4.3	d F 6 IV	. . . .	70	17 41.9	+72.15
32	ξ	Dra	3.8	K2 III	Grumium	200	17 53.5	+56.87
33	γ	Dra	2.2	K5 III	Ettanin	100	17 56.6	+51.49
44	χ	Dra	3.6	F 7 V	. . . .	25	18 21.1	+72.73
39		Dra	4.8	d A 1 V	. . . .	150	18 23.9	+58.80
57	δ	Dra	3.1	G9 III	Altais	120	19 12.6	+67.66
63	ε	Dra	3.8	d G7 III	. . . .	150	19 48.2	+70.27

DOPPELST.			Helligk.		Spektr.		Pos.	Dist.	ab
17		Dra	$5.^m4$	$6.^m4$	B 9	A 1	105°	$3.''3$	t
				5.5		B 9	194	90	O
21	μ	Dra	5.7	5.7	F 7	F 7 '90	24	1.9	t
						2010	352	2.0	t
25	ν	Dra	4.9	4.9	A 5	A 6	312	62	f
26		Dra	5.3	8.0	G0	K3 '90	341	1.5	T
						2000	330	1.7	T
						2010	316	1.1	-
31	ψ	Dra	4.6	5.8	F 5	F 9	15	30.3	F
39		Dra	5.0	7.8	A 1	A 5	349	3.9	t
				7.2		F 6	21	89	f
63	ε	Dra	3.9	7.3	G7	K5	21	3.2	t

Bemerkung zu M102

Messiers Liste enthält als 102. Objekt eine Galaxie nahe der Position von NGC 5866. Seine Beschreibung deutet aber auf eine Doppelbeobachtung von M101. Unterlief Messier ein Fehler von 1^h in Rektaszension? Die Bezeichnung M102 ist daher zweideutig.

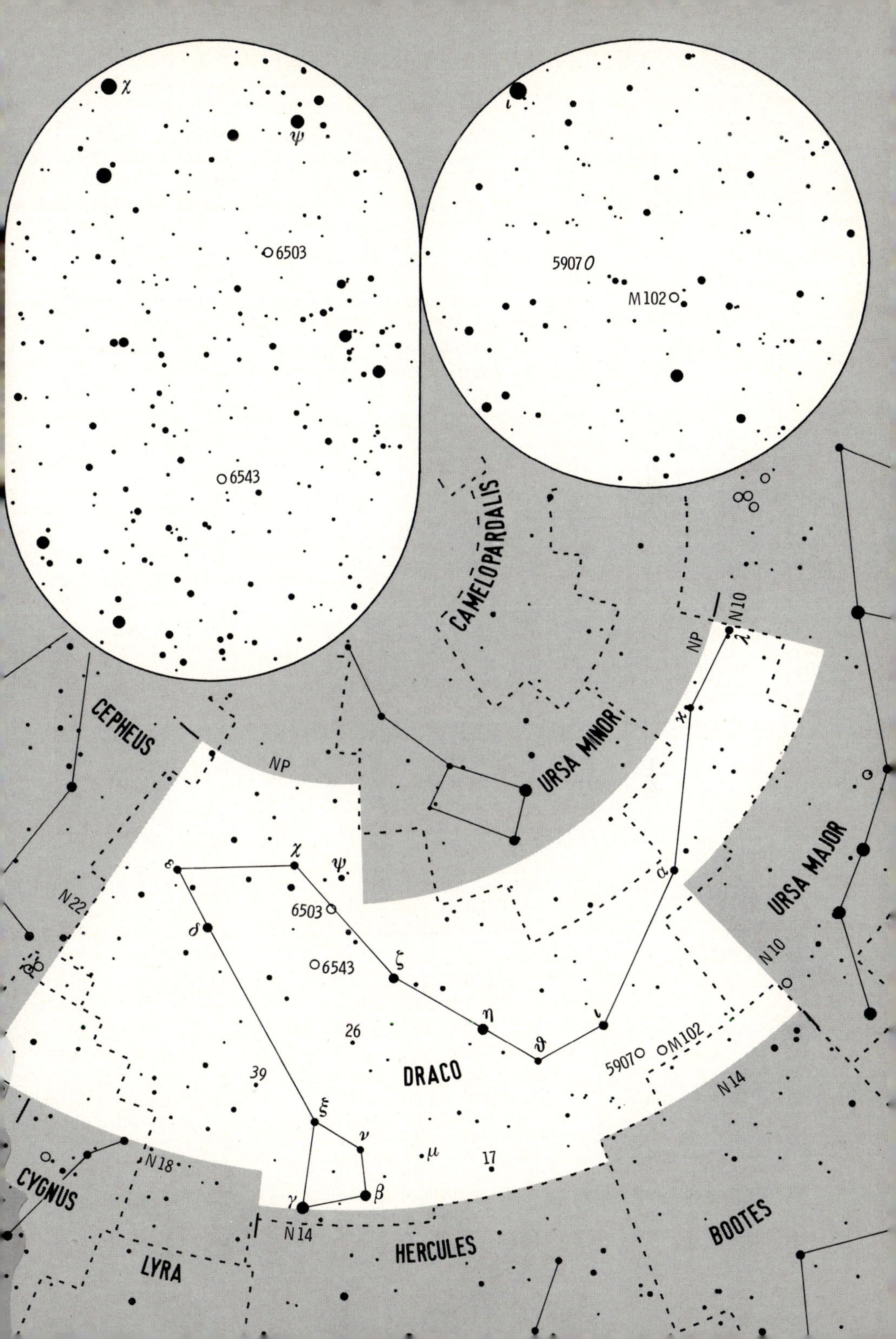

χ
ψ
6503
6543
ι
5907
M102
CAMELOPARDALIS
CEPHEUS
NP
URSA MINOR
NP
N10
λ
κ
α
URSA MAJOR
N10
N22
ε
χ
ψ
δ
6503
6543
ζ
η
ι
ϑ
26
39
DRACO
5907
M102
N14
ξ
ν
μ
17
β
γ
N18
CYGNUS
N14
HERCULES
LYRA
BOOTES

N18 Nordhimmel, Sommersternbilder

NEBEL		Bild	Helligkeit		Größe	Form	Typ	ab	Entf.	Rekt.	Dekl.
6720	M57	Lyr	9^m	$6^m_{(5')}$	$1'.5$	R 3	Plntr	O	2000Lj	$18^h53\frac{1}{2}^m$	$+33.0°$
6779	M56	Lyr	$8\frac{1}{2}$	8	5	X	KugS	f	30000	19 $16\frac{1}{2}$	+30.2
6826		Cyg	9	4	0.5	K 1	Plntr	O	3000	19 45	+50.5

6720 M57 **Ringnebel in der Leier**, der bekannteste Planetarische Nebel, einfach zu finden, im Fernglas beinahe sternförmig, im kleineren Teleskop als Scheibchen sichtbar, im größeren Teleskop als schöner ovaler Ring, stark vergrößern

6779 M56 schwächerer Kugelsternhaufen, schwierig in Sterne auflösbar

6826 **Blinkender Planetarischer Nebel**, im stark vergrößernden Teleskop sieht man den Nebel mit indirektem Sehen, beim direkten Anblick zwar nicht den Nebel, aber den $10\frac{1}{2}^m$ Zentralstern

STERN			Helligkeit	Spektr.	Name, Bemerkung	Entf.	Rekt.	Dekl.
1	κ	Lyr	$4^m.3$	K2 III	. . . .	250Lj	$18^h19^m.9$	$+36°.06$
3	α	Lyr	0.0	A0 V	**Vega, Wega**	25	18 36.9	+38.78
4,5	ε	Lyr	3.9	d A7 V	(Vierfachstern in der Leier)	150	18 44.4	+39.64
6,7	ζ	Lyr	4.1	d A4 IV	. . . .	200	18 44.8	+37.60
10	β	Lyr	3.3–4.3	d B7 V	Sheliak	300	18 50.1	+33.36
12	$δ^2$	Lyr	4.3	M4 II	. . . .	800	18 54.5	+36.90
13		Lyr	3.9–5.0	M5 III	R Lyrae	250	18 55.3	+43.95
14	γ	Lyr	3.2	B9 III	Sulaphat	200	18 58.9	+32.69
1	κ	Cyg	3.8	K0 III	. . . .	150	19 17.1	+53.37
10	ι	Cyg	3.8	A5 V	. . . .	100	19 29.7	+51.73
6	β	Cyg	2.9	d G8 II	**Albireo**	400	19 30.7	+27.96
13	ϑ	Cyg	4.5	F4 V	. . . .	60	19 36.4	+50.22
16		Cyg	5.3	d G3 V	. . . .	60	19 41.8	+50.52
18	δ	Cyg	2.9	d A0 IV	. . . .	150	19 45.0	+45.13
	χ	Cyg	3.3–14.2	K0 III	. . . .	100	19 50.6	+32.91
24	ψ	Cyg	4.9	d A4 IV	. . . .	200	19 55.6	+52.44
21	η	Cyg	3.9	K0 III	. . . .	200	19 56.3	+35.08

DOPPELST.			Helligk.		Spektr.			Pos.	Dist.	ab
4,5	ε	Lyr	$5^m.0$	$6^m.1$	A4	F1	'90	353°	$2''.6$	t
							2010	348	2.5	t
			5.2	5.5	A8	F0	'90	86	2.3	t
							2010	78	2.4	t
					beide Paare			173	209	A
6,7	ζ	Lyr	4.4	5.7	A3	F0		150	43.7	F
10	β	Lyr	3–4	7.2	B7	B7		149	45.7	F
6	β	Cyg	3.1	5.1	K3	B8		54	34.5	F
16		Cyg	6.0	6.2	G2	G4		134	39.6	f
18	δ	Cyg	2.9	6.3	B9	F1	'90	227	2.4	T
							2010	217	2.6	T
24	ψ	Cyg	4.9	7.4	A3	F4		176	3.2	t

VERÄNDERLICHER	
10 β Lyr	**β Lyrae**
Per.	12.93 d
Min.	2447528
Nebenminimum:	
Helligkeit	$3^m.8$
13 R Lyr	halbregelm.
Per.	≈ 46 d
χ Cyg	Mira–Typ
Per.	407 d
Max.	2447843
Min.	Phase 0.59
Amplitude	$10^m.9$!

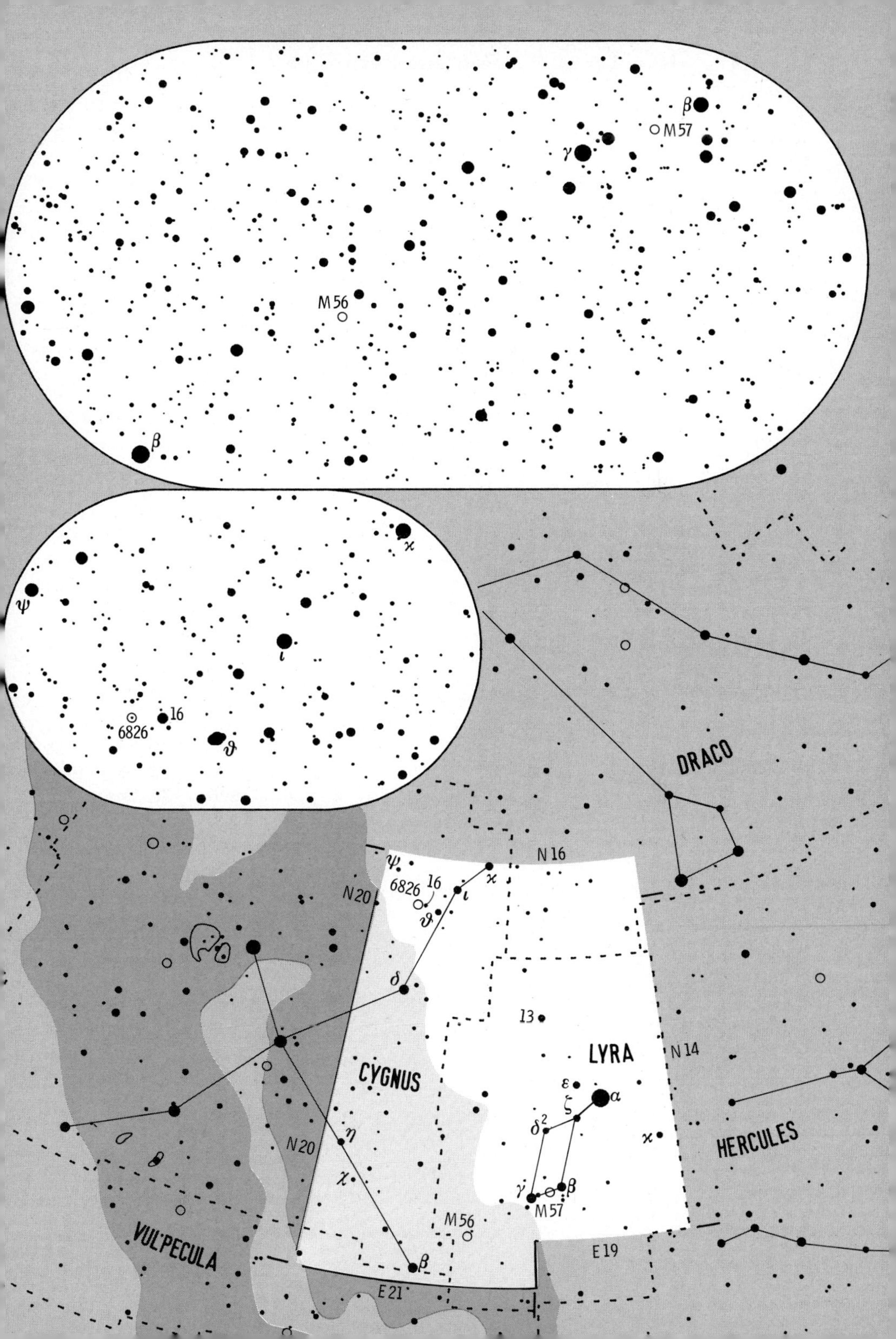

β
M57
γ
M56
β
κ
ψ
ι
16
6826
ϑ
DRACO
N16
ψ
6826
16
κ
ι
ϑ
N20
δ
13
LYRA
N14
CYGNUS
ε
α
ζ
δ²
κ
HERCULES
η
N20
χ
γ
β
M57
M56
VULPECULA
E19
β
E21

NEBEL		Bild	Helligkeit		Größe	Form	Typ	ab	Entf.	Rekt.	Dekl.
6913	M29	Cyg	7^m	$7^m_{(5')}$	6′	p n	OffnS	o	4000Lj	20^h24^m	+38°.5
6940		Vul	7	10	25	m	OffnS	o	2500	20 35	+28.3
6960		Cyg	9	12	60	Fi 9	Gasn	t	1500	20 46	+30.7
IC 5067		Cyg	7	12	60	Em2	Gasn	f	4000	20 50	+44.0
6992		Cyg	8	12	60	Fi 7	Gasn	F	1500	20 57	+31.4
7000		Cyg	5	11	120	Em2	Gasn	A	4000	20 59	+44.3
7027		Cyg	9	3	0.3	U 4	Plntr	O	3000	21 07	+42.2

6913 M29 nur wenige Sterne, ganz unauffällig bei zu starker Vergrößerung

6940 größerer Nebel im Fernglas, schön aufgelöst im Teleskop

6960 **Cirrusnebel, Schleiernebel**, schwache Filamente beiderseits des Vordergrundsterns 52 Cygni, Supernovaüberrest, s. NGC 6992

IC 5067 **Pelikannebel**, unsichtbar außer bei kleinster Vergrößerung, deutlich nur mit Nebelfilter, Testobjekt für dunklen Himmel

6992 **Cirrusnebel, Schleiernebel**, einfacher als NGC 6960, trotzdem dunkelster Himmel und kleinste Vergrößerung erforderlich, eindrucksvolle Filamente mit Nebelfilter (NGC 6992–6995)

7000 **Nordamerikanebel**, einfacher mit freiem Auge zu finden als mit Teleskop, Nebelfilter hilft sehr, deutlichster Teil ist "Mexiko", nördlicher Teil geht in helles Gebiet der Milchstraße über

7027 einfach sichtbar, sternförmig außer bei sehr starker Vergrößerung

STERN			Helligkeit	Spektr.	Name, Bemerkung	Entf.	Rekt.	Dekl.
31	o^1	Cyg	$3^m.8$	d K0 II	. . . .	500Lj	$20^h13^m.6$	+46°.74
29		Cyg	4.8	d A7 V	. . . .	120	20 14.6	+36.80
32	o^2	Cyg	4.0	K3 Ib	. . . .	1000	20 15.5	+47.71
34		Cyg	3.0–6.0	B2 Ia	P Cygni	5000	20 17.8	+38.03
37	γ	Cyg	2.2	F8 Ib	Sadr	800	20 22.2	+40.26
41		Cyg	4.0	F5 II	. . . .	500	20 29.4	+30.37
46	ω^2	Cyg	5.1	d K2 III	. . . .	500	20 31.2	+49.22
50	α	Cyg	1.3	A2 Ia	**Deneb**	2000	20 41.4	+45.28
52		Cyg	4.2	K0 III	. . . .	200	20 45.7	+30.72
53	ε	Cyg	2.5	K0 III	. . . .	70	20 46.2	+33.97
54	λ	Cyg	4.5	d B5 V	. . . .	600	20 47.4	+36.49
T		Vul	5.4–6.1	F5 Ib	. . . .	3000	20 51.5	+28.25
58	ν	Cyg	3.9	A0 V	. . . .	150	20 57.2	+41.17
62	ξ	Cyg	3.7	K5 Ib	. . . .	1000	21 04.9	+43.93
64	ζ	Cyg	3.2	G8 III	. . . .	200	21 12.9	+30.23

DOPPELST.			Helligk.		Spektr.	Pos.	Dist.	ab
31	o^1	Cyg	$3^m.8$	$7^m.0$	K2!B6	173°	107″	f
29		Cyg	5.0	6.6	A2!K0	153	212	O
46	ω^2	Cyg	5.4	6.6	M2!A0	265	256	o
54	λ	Cyg	4.9	6.1	B5 B7 '90	11	0.9	T
					2010	2	0.9	T

VERÄNDERLICHER	
34 P Cyg	unregelm.
T Vul	Cepheid
Per.	4.4355 d
Max.	2447529.3
Min.	Phase 0.69

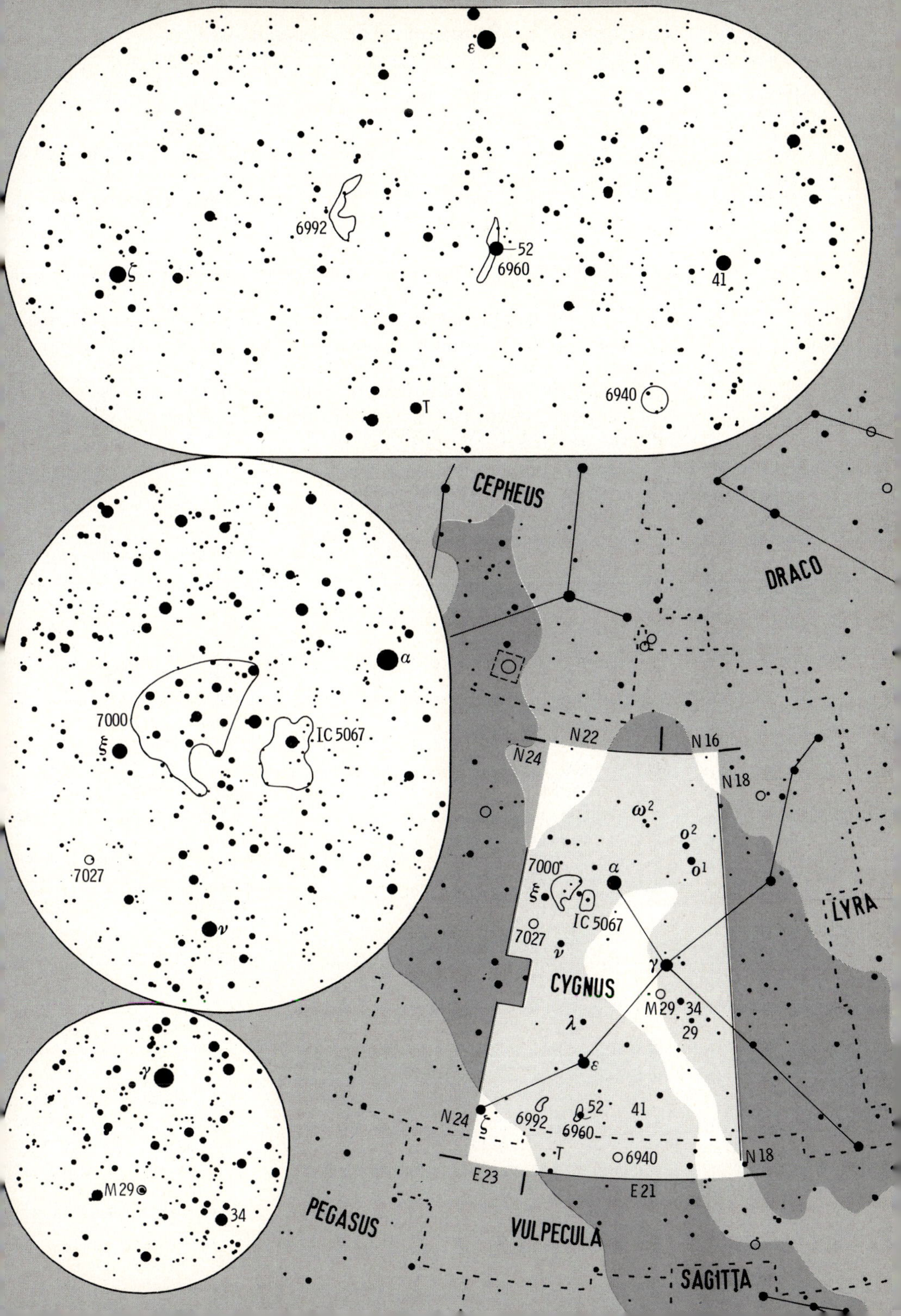

ε
6992
52
6960
ζ
41
6940
T
α
7000
ξ
IC 5067
7027
ν
γ
M29
34
CEPHEUS
DRACO
N22
N16
N24
N18
ω²
o²
o¹
LYRA
CYGNUS
λ
29
E23
E21
PEGASUS
VULPECULA
SAGITTA

NEBEL		Bild	Helligkeit		Größe	Form	Typ	ab	Entf.	Rekt.	Dekl.
6939		Cep	9^m	$10^m_{(5')}$	$8'$	m	OffnS	f	6000Lj	20^h31^m	$+60^{\circ}.6$
6946		Cep	9	11	10	Sc 1	Galx	F	15 M	20 35	+60.2
IC 1396		Cep	4	9	50	m n	OffnS	a	2000	21 39	+57.5
7654	M52	Cas	$7\frac{1}{2}$	9	12	r	OffnS	O	5000	23 24	+61.6
7789		Cas	7	9	15	r	OffnS	o	6000	23 57	+56.7

6939 — schwächerer Sternhaufen, sehr schwierig in Einzelsterne aufzulösen

6946 — schwierig sichtbare Galaxie, ohne zentrale Aufhellung, strukturlos

IC 1396 — verstreute Sterne, unscheinbar im Teleskop, besser im Opernglas, umgebender Gasnebel (gestrichelt) mit Nebelfilter sichtbar

7654 M52 — im Fernglas nebelförmig, viele schwache Sterne im Teleskop

7789 — enorme Sternenzahl für einen Offenen Sternhaufen, nebliger Sternenhintergrund, erst im größeren Teleskop gut aufgelöst

STERN			Helligkeit	Spektr.		Name, Bemerkung	Entf.	Rekt.	Dekl.
3	η	Cep	$3^m.4$	K0	IV	. . . .	45Lj	$20^h45^m.3$	$+61^{\circ}.84$
T		Cep	5.3–11.2	M7	III	. . . .	1000	21 09.5	+68.49
5	α	Cep	2.4	A7	V	Alderamin	45	21 18.6	+62.59
8	β	Cep	3.2	d B1	IV	Alfirk	800	21 28.7	+70.56
	μ	Cep	3.4–5.1	M2	Ia	. . . .	3000	21 43.5	+58.78
17	ξ	Cep	4.3	d A5	V	. . . .	120	22 03.8	+64.63
21	ζ	Cep	3.4	K1	Ib	. . . .	800	22 10.9	+58.20
23	ε	Cep	4.2	F0	IV	. . . .	100	22 15.0	+57.04
27	δ	Cep	3.4–4.2	d F6	Ib	. . . .	1200	22 29.2	+58.42
32	ι	Cep	3.5	K1	III	. . . .	120	22 49.7	+66.20
33	π	Cep	4.4	d G2	III	. . . .	200	23 07.9	+75.39
34	o	Cep	4.7	d G9	III	. . . .	150	23 18.6	+68.11
4		Cas	4.9	d M0	III	. . . .	300	23 24.8	+62.28
AR		Cas	4.8	d B4	V	. . . .	600	23 30.0	+58.55
35	γ	Cep	3.2	K1	IV	Errai	50	23 39.3	+77.63
7	ϱ	Cas	4.1–6.2	G2	Ia	. . . .	8000	23 54.4	+57.50
8	σ	Cas	4.9	d B1	IV	. . . .	1500	23 59.0	+55.76

DOPPELST.			Helligk.		Spektr.			Pos.	Dist.	ab
8	β	Cep	$3^m.2$	$7^m.8$	B1	A2		249°	$13''.3$	t
17	ξ	Cep	4.5	6.5	A3	F7	'90	275	8.1	t
							2010	274	8.3	t
27	δ	Cep	3–4	6.3	F8!	B7		191	41.0	F
33	π	Cep	4.6	6.6	G3	F3	'90	346	1.2	T
							2010	6	1.2	T
34	o	Cep	4.9	7.1	K0	F6	'90	220	2.9	t
							2010	226	2.7	t
4		Cas	5.0	7.5	M0	K		226	99	f
AR		Cas	4.9	6.9	B3	A0		269	76	f
8	σ	Cas	5.0	7.1	B1	B3		326	3.0	t

VERÄNDERLICHER	
T Cep	Mira–Typ
Per.	390 d
Max.	2447683
μ Cep	halbregelm.
Per.	≈ 730 d
27 δ Cep	**Cepheid**
Per.	5.36634 d
Max.	2447532.58
Min.	Phase 0.75
7 ϱ Cas	halbregelm.
Per.	100–1000 d

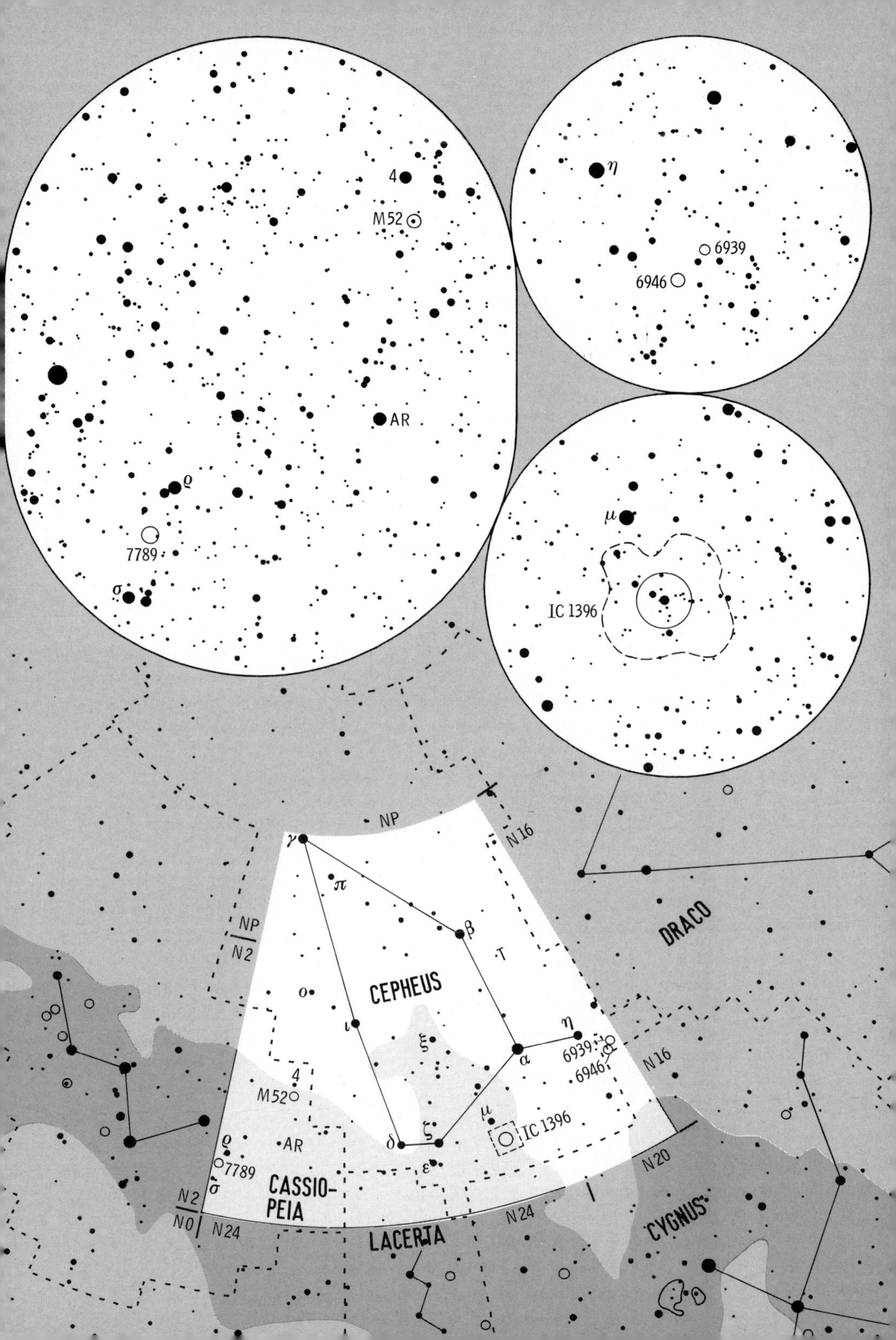

4
M52
AR
ϱ
7789
σ
η
6939
6946
μ
IC 1396
NP
N16
γ
π
β
T
DRACO
NP
N2
CEPHEUS
o
ι
ξ
α
η
6939
6946
N16
4
M52
μ
IC 1396
δ
ζ
ϱ
AR
7789
σ
ε
CASSIO-
PEIA
N20
N2
N0
N24
N24
LACERTA
CYGNUS

NEBEL		Bild	Helligkeit		Größe	Form	Typ	ab	Entf.	Rekt.	Dekl.
7092	M39	Cyg	5^m	$9^m_{(5')}$	30′	p	OffnS	A	800Lj	21^h32^m	+48°.4
7209		Lac	7	10	20	m	OffnS	o	3000	22 05	+46.5
7243		Lac	6½	9	20	p	OffnS	o	3000	22 15	+49.9
7662		And	9	4	0.5	R 1	Plntr	O	3000	23 26	+42.5

7092 M39 wenige, aber helle Sterne, die schon einfach im Fernglas getrennt werden können, Anblick im Teleskop eher enttäuschend

7209 im Fernglas erkennt man wenige Einzelsterne vor einem nebligen Hintergrund, der sich erst im Teleskop in Sterne auflöst

7243 schon im Fernglas teilweise aufgelöst, unregelmäßige Form, viel mehr läßt sich im Teleskop auch nicht erkennen

7662 im Fernglas sternförmig, erst bei starker Vergrößerung läßt sich der Nebelcharakter erkennen, im größeren Teleskop erscheint der Ring mit mittelhellem Zentralgebiet, deutlich grünlich

STERN			Helligkeit	Spektr.	Name, Bemerkung	Entf.	Rekt.	Dekl.
61		Cyg	4.8	d K6 V	. . . .	11Lj	$21^h06^m.9$	+38°.75
65	τ	Cyg	3.7	F1 IV	. . . .	70	21 14.8	+38.05
67	σ	Cyg	4.2	B9 Ia	. . . .	5000	21 17.4	+39.39
73	ϱ	Cyg	4.0	G8 III	. . . .	200	21 34.0	+45.59
W		Cyg	5.4–6.2	M5 III	. . . .	500	21 36.0	+45.37
79		Cyg	5.3	d A0 V	. . . .	400	21 43.5	+38.29
78	μ	Cyg	4.4	d F7 V	. . . .	60	21 44.1	+28.74
81	π^2	Cyg	4.2	B3 III	. . . .	800	21 46.8	+49.31
1		Lac	4.1	K3 II	. . . .	300	22 16.0	+37.75
2		Lac	4.6	B6 V	. . . .	400	22 21.0	+46.54
3	β	Lac	4.4	G9 III	. . . .	150	22 23.6	+52.23
4		Lac	4.6	B9 Ia	. . . .	5000	22 24.5	+49.48
5		Lac	4.4	M0 II	. . . .	800	22 29.5	+47.71
7	α	Lac	3.8	A2 V	. . . .	100	22 31.3	+50.28
8		Lac	5.3	d B2 V	. . . .	2000	22 35.9	+39.63
1	o	And	3.7	B6 III	. . . .	300	23 01.9	+42.33
16	λ	And	3.7–4.0	G8 III	. . . .	70	23 37.6	+46.46
17	ι	And	4.3	B8 V	. . . .	250	23 38.1	+43.27
19	κ	And	4.1	B9 IV	. . . .	250	23 40.4	+44.33

DOPPELST.			Helligk.		Spektr.			Pos.	Dist.	ab
61		Cyg	5.2	6.0	K5	K7	’90	148°	29″.7	F
							2010	152	30.8	F
79		Cyg	5.6	6.9	A0	A0		61	150	O
78	μ	Cyg	4.8	6.1	F6	G2	’90	307	1.5	T
							2000	320	1.2	T
							2010	343	0.9	T
				6.9		A5		47	194	O
8		Lac	5.7	6.5	B2	B2		186	22.4	F

VERÄNDERLICHER

W Cyg halbregelm.
Per. ≈ 126 d
Max. ≈ 2447620
Min. Phase 0.50
Periode schwankt

16 λ And halbregelm.
Per. 55 d
Max. ≈ 2447540

α
7243
4
π²
M39
5
2
7209
ϱ
W
ϰ
ι
7662
o
CASSIOPEIA
N2
N22
N22
N0
N20
β
α
4
7243
π²
M39
5
2
7209
W
ϱ
λ
ϰ
ι
7662
o
LACERTA
CYGNUS
σ
61
τ
8
79
ANDROMEDA
1
N0
E23
N20
PEGASUS
μ
E23
VULPECULA

NEBEL		Bild	Helligkeit		Größe	Form	Typ	ab	Entf.	Rekt.	Dekl.
247		Cet	9^m	$11^m_{(5')}$	20′	Sd 7	Galx	F	8 MLj	0^h47^m	−20°8
253		Scl	7	9	25	Sc 7	Galx	o	8 M	0 48	−25.3
288		Scl	8	10	10	X	KugS	O	30 000	0 53	−26.6
1068	M77	Cet	9	8	4	Sb 2	Galx	f	50 M	2 42½	0.0

247 große Galaxie, deshalb schwach vergrößern, schwierig, strukturlos
253 **Sculptor-Galaxie, Galaxie im Bildhauer**, phantastische Galaxie, länglich im Fernglas, Staubstrukturen im größeren Teleskop
288 schwieriger Kugelsternhaufen, Einzelsterne im größeren Teleskop
1068 M77 helle Seyfert Galaxie, aktiver heller Kern deutlich bei starker Vergrößerung, im Fernglas beinahe sternförmig

STERN			Helligkeit	Spektr.	Name, Bemerkung	Entf.	Rekt.	Dekl.
	κ¹	Scl	5ᵐ4	dF2 V	. . . .	100Lj	0^h09^m3	−27°99
8	ι	Cet	3.6	K2 III	. . . .	200	0 19.4	− 8.82
T		Cet	5.0–6.9	M5 II	. . . .	2 000	0 21.8	−20.06
16	β	Cet	2.0	K0 III	Diphda, Deneb Kaitos	70	0 43.6	−17.99
	α	Scl	4.3	B8 III	. . . .	400	0 58.6	−29.36
31	η	Cet	3.5	K2 III	. . . .	120	1 08.6	−10.18
37		Cet	5.0	dF3 V	. . . .	80	1 14.4	− 7.92
45	ϑ	Cet	3.6	K0 III	. . . .	120	1 24.0	− 8.18
	τ	Scl	5.7	dF2 V	. . . .	120	1 36.1	−29.91
52	τ	Cet	3.5	G8 V	. . . .	12	1 44.1	−15.94
53	χ	Cet	4.5	dF3 IV	. . . .	100	1 49.6	−10.69
55	ζ	Cet	3.7	K1 III	Baten Kaitos . . .	200	1 51.5	−10.34
59	υ	Cet	4.0	M1 III	. . . .	250	2 00.0	−21.08
66		Cet	5.5	dF9 V	. . . .	70	2 12.8	− 2.39
68	o	Cet	2.0–10.1	M7 III	**Mira**	100	2 19.3	− 2.98
73	ξ²	Cet	4.3	B9 III	. . . .	300	2 28.2	+ 8.46
	ω	For	4.9	dB9 V	. . . .	300	2 33.8	−28.23
82	δ	Cet	4.1	B2 IV	. . . .	800	2 39.5	+ 0.33
86	γ	Cet	3.5	dA3 V	. . . .	80	2 43.3	+ 3.24
89	π	Cet	4.3	B7 V	. . . .	300	2 44.1	−13.86
87	μ	Cet	4.3	F0 IV	. . . .	100	2 44.9	+10.11
92	α	Cet	2.5	M2 III	Menkar	150	3 02.3	+ 4.09

DOPPELST.			Helligk.		Spektr.		Pos.	Dist.	ab
	κ¹	Scl	6ᵐ1	6ᵐ2	F2	F2	261°	1″7	t
37		Cet	5.1	7.9	F3	G7	331	49.7	F
	τ	Scl	6.0	7.1	F1	F7 '90	335	1.9	t
						2010	340	2.5	t
53	χ	Cet	4.7	6.8	F2	G1	250	184	O
66		Cet	5.7	7.6	F8	G4	234	16.5	t
	ω	For	5.0	7.7	B9	A7	245	10.8	t
86	γ	Cet	3.5	7.3	A2!	G5	296	2.8	T

VERÄNDERLICHER	
T Cet	halbregelm.
Per.	159 d
Max.	≈ 2447550
68 o Cet	**Mira**
Per.	331.9 d
Max.	2447827
Min.	Phase 0.62
m.H.	3ᵐ4–9ᵐ1

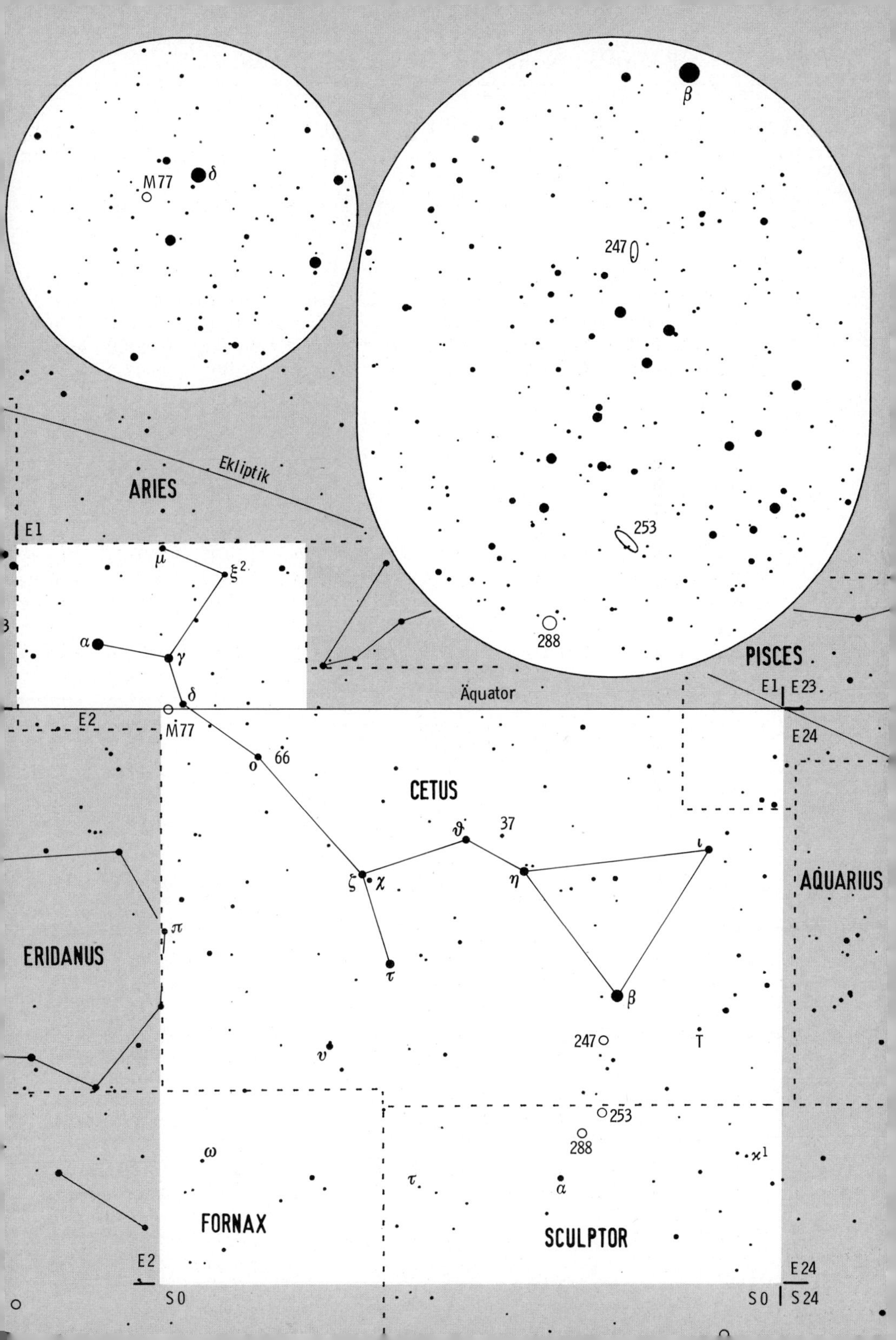
M77
δ
β
247
253
288
Ekliptik
ARIES
E1
μ
ξ2
α
γ
δ
Äquator
PISCES
E1
E23
E2
M77
66
o
E24
CETUS
ϑ
37
ι
AQUARIUS
ζ
χ
η
π
ERIDANUS
τ
β
247
T
υ
253
288
ω
χ1
τ
α
FORNAX
SCULPTOR
E2
E24
S0
S0
S24

NEBEL		Bild	Helligkeit	Größe	Form	Typ	ab	Entf.	Rekt.	Dekl.
628	M74	Psc	$9\frac{1}{2}^m$ $11^m_{(5')}$	8′	Sc 1	Galx	F	30 MLj	1ʰ37ᵐ	+15°8

628 M74 sehr schwierig bei Himmelsaufhellung, schwächste Vergrößerung

STERN			Helligkeit	Spektr.	Name, Bemerkung	Entf.	Rekt.	Dekl.
88	γ	Peg	2ᵐ8	B2 IV	**Algenib**	500Lj	0ʰ13ᵐ2	+15°18
35		Psc	5.8	d F0 V	. . . .	150	0 15.0	+ 8.82
47		Psc	4.7–5.4	M3 III	TV Piscium	400	0 28.0	+17.89
34	ζ	And	4.0	K1 III	. . . .	150	0 47.3	+24.27
63	δ	Psc	4.4	K5 III	. . . .	300	0 48.7	+ 7.59
65		Psc	5.5	d F2 IV	. . . .	250	0 49.9	+27.71
36		And	5.5	d K1 IV	. . . .	200	0 55.0	+23.63
71	ε	Psc	4.3	K0 III	. . . .	200	1 02.9	+ 7.89
74	ψ^1	Psc	4.7	d A1 IV	. . . .	400	1 05.7	+21.47
86	ζ	Psc	4.9	d A8 IV	. . . .	150	1 13.7	+ 7.58
99	η	Psc	3.6	G8 III	. . . .	150	1 31.5	+15.35
106	ν	Psc	4.4	K3 III	. . . .	150	1 41.4	+ 5.49
110	ο	Psc	4.3	G9 III	. . . .	200	1 45.4	+ 9.16
1		Ari	5.9	d G5 III	. . . .	250	1 50.1	+22.28
5	γ	Ari	3.9	d A0 V	Mesarthim	150	1 53.5	+19.29
111	ξ	Psc	4.6	K0 III	. . . .	250	1 53.6	+ 3.19
6	β	Ari	2.6	A5 V	Sheratan	45	1 54.6	+20.81
9	λ	Ari	4.7	d F1 IV	. . . .	150	1 57.9	+23.60
113	α	Psc	3.8	d A1 V	. . . .	150	2 02.0	+ 2.76
10		Ari	5.6	d F7 IV	. . . .	120	2 03.7	+25.94
13	α	Ari	2.0	K2 III	**Hamal**	80	2 07.2	+23.46
41		Ari	3.6	B8 V	. . . .	120	2 50.0	+27.26
48	ε	Ari	4.6	d A2 V	. . . .	200	2 59.2	+21.34

DOPPELST.			Helligk.		Spektr.			Pos.	Dist.	ab
35		Psc	6ᵐ0	7ᵐ7	F0	A7		148°	11″6	t
65		Psc	6.3	6.3	F2	F3		297	4.4	t
36		And	6.0	6.4	K1	K	’90	292	0.8	T
							2000	313	0.9	T
							2010	327	1.1	T
74	ψ^1	Psc	5.3	5.6	A1	A0		159	30.0	F
86	ζ	Psc	5.2	6.3	A8	F7		63	22.9	F
1		Ari	6.2	7.4	K1!	A6		165	2.8	t
5	γ	Ari	4.6	4.7	B9	A1		0	7.7	t
9	λ	Ari	4.8	7.3	F0	G0		46	37.4	F
113	α	Psc	4.2	5.2	A1	A3	’90	278	1.9	t
							2010	265	1.8	t
10		Ari	5.9	7.3	F7	F8	’90	331	1.1	T
							2010	345	1.4	T
48	ε	Ari	5.2	5.5	A2	A2		211	1.4	T

VERÄNDERLICHER

47 TV Psc halbregelm.
Per. 50–85 d

Bemerkung zu M74:
Manche Sternfreunde wollen innerhalb von einer Nacht im März alle 110 Messier–Objekte beobachten. Dann ist M74 das schwierigste Objekt abends, M30 das schwierigste morgens. Besser ist, sich mehr Zeit zu lassen.

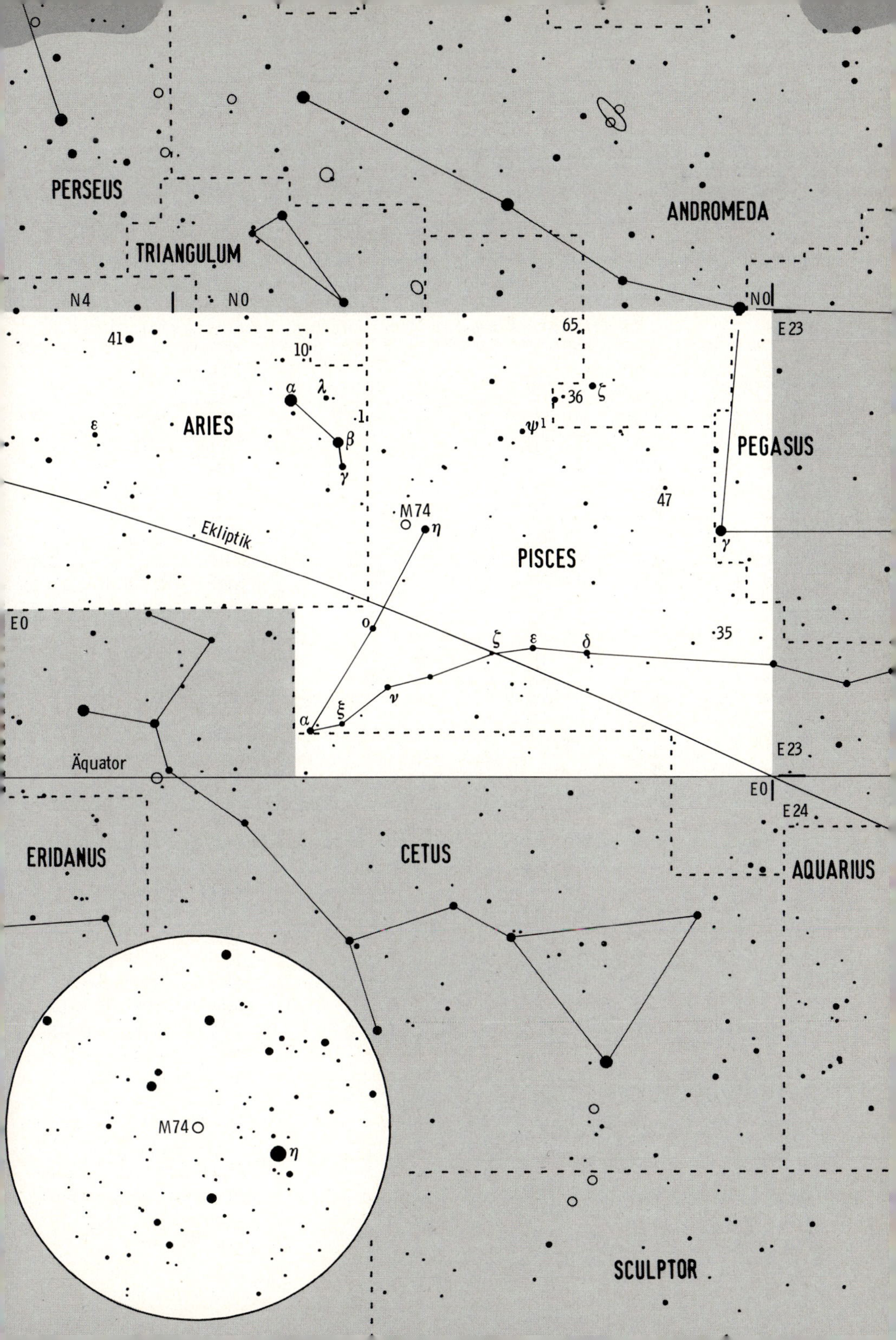

PERSEUS
TRIANGULUM
ANDROMEDA
N4
N0
N0
E23
41
10
65
α
λ
36
ζ
ε
ARIES
1
β
γ
ψ1
PEGASUS
M74
η
47
Ekliptik
PISCES
γ
E0
o
ζ
ε
δ
35
ν
ξ
α
E23
Äquator
E0
E24
ERIDANUS
CETUS
AQUARIUS
M74
η
SCULPTOR

NEBEL	Bild	Helligkeit		Größe	Form		Typ	ab	Entf.	Rekt.	Dekl.
1360	For	8^m	$8^m_{(5')}$	6′	K	3	Plntr	O	1000Lj	3^h33^m	−25°8
1535	Eri	10	4	0.3	K	2	Plntr	f	5000	4 14	−12.7

1360 heller großer Planetarischer Nebel, trotzdem wenig bekannt, gutes Fernglasobjekt, 11^m Zentralstern schwierig erkennbar, außergewöhlich heißer Stern, Oberflächentemp. ca. 100000 K

1535 sternförmig im Fernglas, leicht strukturierter Nebel im größeren Teleskop bei starker Vergrößerung, Zentralstern schwach, 12^m

STERN			Helligkeit	Spektr.		Name, Bemerkung	Entf.	Rekt.	Dekl.
1	τ^1	Eri	$4^m_.5$	F 6	V	. . . .	50Lj	$2^h45^m_.1$	−18°57
	β	For	4.5	G 7	III	. . . .	200	2 49.1	−32.41
3	η	Eri	3.9	K 1	III	. . . .	100	2 56.4	− 8.90
11	τ^3	Eri	4.1	A 5	V	. . . .	80	3 02.4	−23.62
	α	For	3.9	d F 8	IV	. . . .	50	3 12.1	−28.99
16	τ^4	Eri	3.6	M3	III	. . . .	250	3 19.5	−21.76
18	ε	Eri	3.7	K 2	V	. . . .	11	3 32.9	− 9.46
19	τ^5	Eri	4.3	B 8	V	. . . .	300	3 33.8	−21.63
23	δ	Eri	3.5	K 0	IV	. . . .	30	3 43.2	− 9.76
27	τ^6	Eri	4.2	F 3	V	. . . .	60	3 46.8	−23.25
32		Eri	4.5	d G 2	III	. . . .	250	3 54.3	− 2.95
34	γ	Eri	3.0	M0	III	Zaurak	150	3 58.0	−13.51
38	o^1	Eri	4.0	F 2	III	. . . .	200	4 11.9	− 6.84
39		Eri	4.8	d K 3	III	. . . .	300	4 14.4	−10.26
40	o^2	Eri	4.4	d K 1	V	. . . .	16	4 15.3	− 7.65
41	υ^4	Eri	3.6	B 8	V	. . . .	120	4 17.9	−33.80
43	υ^3	Eri	4.0	K 5	III	. . . .	250	4 24.0	−34.02
52	υ^2	Eri	3.8	G 9	III	. . . .	200	4 35.6	−30.56
48	ν	Eri	3.9	B 2	III	. . . .	1000	4 36.3	− 3.35
53		Eri	3.9	K 2	III	. . . .	150	4 38.2	−14.30
57	μ	Eri	4.0	B 5	IV	. . . .	400	4 45.5	− 3.25
67	β	Eri	2.8	A 3	III	Cursa	90	5 07.8	− 5.09
	ε	Col	3.9	K 1	III	. . . .	150	5 31.2	−35.47
	α	Col	2.6	B 7	IV	Phact	150	5 39.6	−34.07
	β	Col	3.1	K 2	III	. . . .	150	5 51.0	−35.77
	γ	Col	4.4	B 3	IV	. . . .	800	5 57.5	−35.28
	δ	Col	3.9	G 4	III	. . . .	120	6 22.1	−33.44

DOPPELST.			Helligk.		Spektr.		Pos.	Dist.	ab
	α	For	$4^m_.0$	$6^m_.5$	F 7 G 7	'90	298°	4″5	t
						2000	299	5.1	t
						2010	300	5.5	t
32		Eri	4.8	6.1	G8!A2		347	6.8	t
39		Eri	4.9	8.0	K3 G2		144	6.4	t
40	o^2	Eri	4.4	9.5	K1!A2		103	83	F

Bemerkung zu o^2 Eri

Sein Begleitstern ist der am einfachsten zu beobachtende Weiße Zwergstern mit nur etwa 20000 km Durchmesser.

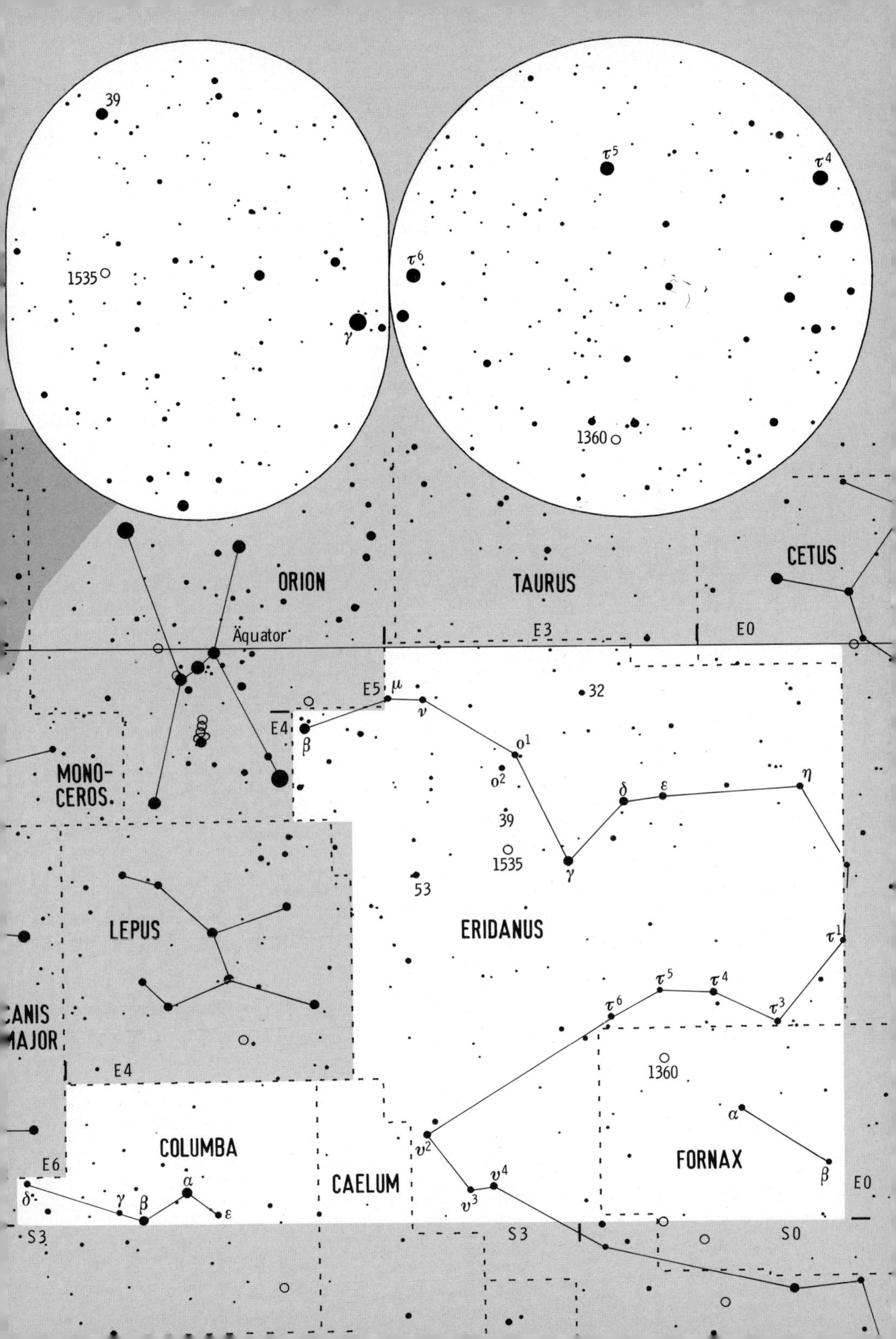
39
1535
γ
τ6
τ5
τ4
1360
ORION
TAURUS
CETUS
Äquator
E3
E0
E5
μ
ν
32
E4
β
o1
o2
δ
ε
η
39
1535
γ
53
MONO-
CEROS.
LEPUS
ERIDANUS
τ1
τ6
τ5
τ4
τ3
CANIS
MAJOR
1360
E4
α
COLUMBA
FORNAX
υ2
E6
υ4
CAELUM
β
E0
δ
γ
β
α
ε
υ3
S3
S3
S0

E3 Ekliptik, Äquator, Wintersternbilder

NEBEL	Bild	Helligkeit	Größe	Form	Typ	ab	Entf.	Rekt.	Dekl.
M45	Tau	$1\frac{1}{2}^m$ $8^m_{(5')}$	100′	r n	OffnS	a	400Lj	3^h47^m	+24.°1
Hyaden	Tau	$0\frac{1}{2}$ 9	300	m	OffnS	a	150	4 28	+16.7
1647	Tau	$6\frac{1}{2}$ 11	40	m	OffnS	o	2500	4 46	+19.1
1952 M1	Tau	9 9	6	Fi 4	Gasn	f	4000	5 $34\frac{1}{2}$	+22.0

M45 **Plejaden, Siebengestirn**, wunderbar mit freiem Auge und Fernglas, schwache Reflexionsnebel bei dunkelstem Himmel

Hyaden nur imposant mit freiem Auge und Opernglas, ziemlich verstreut, nächster Sternhaufen, Aldebaran ist Vordergrundstern

1647 im Fernglas schon in viele Sterne aufgelöst, großer Sternhaufen

1952 M1 **Krabbennebel**, schwierig mit Fernglas, länglich, unregelmäßig im größeren Teleskop, Überrest der Supernova des Jahres 1054

STERN			Helligkeit	Spektr.	Name, Bemerkung	Entf.	Rekt.	Dekl.
1	o	Tau	3.^{m}6	G7 III	. . . .	150Lj	$3^h24.^m8$	+ 9.°03
2	ξ	Tau	3.7	B9 V	. . . .	150	3 27.2	+ 9.73
17		Tau	3.7	B6 III	Electra, in M45 . .	400	3 44.9	+24.11
19		Tau	4.3	B6 IV	Taygeta, in M45 . .	400	3 45.2	+24.47
20		Tau	3.9	B7 III	Maia, in M45 . . .	400	3 45.8	+24.37
23		Tau	4.2	B6 IV	Merope, in M45 . .	400	3 46.3	+23.95
25	η	Tau	2.8	B7 III	Alcyone, in M45 . .	400	3 47.5	+24.11
27		Tau	3.6	B8 III	Atlas, in M45 . . .	400	3 49.2	+24.05
28		Tau	4.8–5.5	B8 V	Pleione, BU Tau, in M45	400	3 49.2	+24.47
35	λ	Tau	3.4–3.9	B3 V	. . . .	300	4 00.7	+12.49
38	ν	Tau	3.9	A1 V	. . . .	100	4 03.2	+ 5.99
47		Tau	4.8	d G5 III	. . . .	200	4 13.9	+ 9.26
54	γ	Tau	3.6	K0 III	in Hyaden	150	4 19.8	+15.63
61	δ^1	Tau	3.8	K0 III	in Hyaden	150	4 22.9	+17.54
68	δ^3	Tau	4.3	d A2 V	in Hyaden	150	4 25.5	+17.93
74	ε	Tau	3.5	K0 III	in Hyaden	150	4 28.6	+19.18
77	ϑ^1	Tau	3.8	K0 III	in Hyaden } Dist. 5.′7	150	4 28.6	+15.96
78	ϑ^2	Tau	3.4	A7 III	in Hyaden }	150	4 28.7	+15.87
88		Tau	4.2	d A4 V	. . . .	80	4 35.7	+10.16
87	α	Tau	0.9	K5 III	**Aldebaran**	60	4 35.9	+16.51
94	τ	Tau	4.2	d B3 V	. . . .	600	4 42.2	+22.96
112	β	Tau	1.7	B7 III	**Elnath, Nath** . . .	120	5 26.3	+28.61
118		Tau	5.4	d B8 V	. . . .	400	5 29.3	+25.15
123	ζ	Tau	3.0	B3 III	. . . .	500	5 37.6	+21.14

DOPPELST.			Helligk.	Spektr.	Pos.	Dist.	ab
47		Tau	4.^{m}9 7.^{m}3	G5 G	348°	1.″2	T
68	δ^3	Tau	4.3 7.6	A1 G0	350	1.6	T
88		Tau	4.3 7.8	A4 F8	299	70	F
94	τ	Tau	4.3 7.2	B3 A0	213	63	F
118		Tau	5.8 6.6	B8 A0	207	4.8	t

VERÄNDERLICHER

28 BU Tau unregelm.
35 λ Tau Algol–Typ
Per. 3.95295 d
Min. 2447529.15
Max. Ph. 0.07–0.93

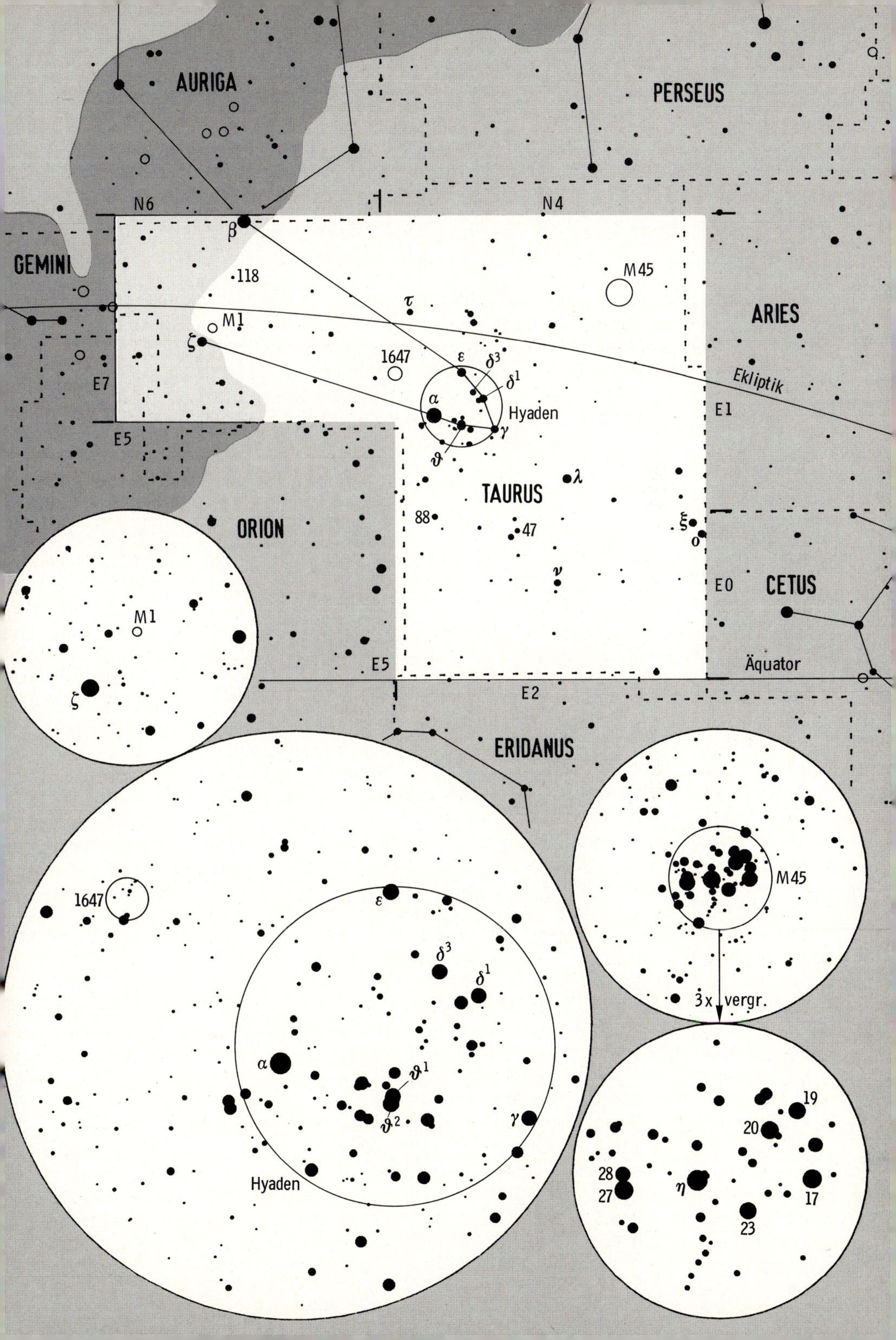

AURIGA
PERSEUS
GEMINI
ARIES
TAURUS
ORION
CETUS
ERIDANUS
N6
N4
E7
E5
E1
E0
E5
E2
118
M1
M45
τ
β
ζ
1647
ε
δ3
δ1
α
γ
ϑ
Hyaden
Ekliptik
λ
88
47
ν
ξ
o
Äquator
M1
ζ
1647
ε
δ3
δ1
α
ϑ1
ϑ2
γ
Hyaden
M45
3x vergr.
19
20
28
27
η
17
23

NEBEL		Bild	Helligkeit		Größe	Form	Typ	ab	Entf.	Rekt.	Dekl.
1904	M79	Lep	8^m	$9^m_{(5')}$	$8'$	V	KugS	O	40000Lj	$5^h24\frac{1}{2}^m$	$-24.^\circ5$
1981		Ori	5	8	25	p n	OffnS	A	1500	5 35	− 4.4
1973		Ori	9	11	20	Re 3	Gasn	F	1500	5 35	− 4.8
1976	M42	Ori	4	8	40	Em3	Gasn	a	1500	5 36	− 5.4
1982	M43	Ori	9	10	12	Em3	Gasn	f	1500	5 36	− 5.3

1904 M79 sehr schwierig aufzulösen, weit außerhalb des Milchstraßensystems

1981 nur wenige helle Sterne, kaum als Sternhaufen erkennbar

1973 schwierig zu beobachten, dreigeteilt (NGC 1973, 1975, 1977)

1976 M42 **Orionnebel**, Paradeobjekt der Gasnebel, phantastisch in jedem Instrument, Dunkelwolken, helle Ausläufer und eingebettete Sterne sind unbeschreiblich, im größeren Teleskop erkennt der geübte Beobachter mehr als auf vielen Fotografien

1982 M43 nördlicher Teil des Orionnebels, abgegrenzt durch eine Staubwolke

STERN			Helligkeit	Spektr.		Name, Bemerkung	Entf.	Rekt.	Dekl.
R		Lep	$5.^m5$–$11.^m7$	C 6	II	. . . .	3000Lj	$4^h59.^m6$	$-14.^\circ81$
2	ε	Lep	3.2	K 5	III	. . . .	150	5 05.5	−22.37
RX		Lep	5.0–7.0	M5	III	. . . .	500	5 11.4	−11.85
5	μ	Lep	3.0–3.4	B 9	III	. . . .	200	5 12.9	−16.21
4	κ	Lep	4.4	d B 9	V	. . . .	250	5 13.2	−12.94
19	β	Ori	0.1	d B 8	Ia	**Rigel**	1000	5 14.5	− 8.20
20	τ	Ori	3.6	B 5	III	. . . .	400	5 17.6	− 6.84
9	β	Lep	2.8	G 4	II	Nihal	300	5 28.2	−20.76
11	α	Lep	2.6	F 0	Ib	Arneb . . . ⌈43 Ori⌉	1000	5 32.7	−17.82
41	ϑ	Ori	4.0	d O8	V	(Trapez), Begleiter ist	1500	5 35.3	− 5.40
42		Ori	4.6	d B 2	IV	in NGC 1973	1500	5 35.4	− 4.84
44	ι	Ori	2.8	d O9	III	. . . .	1500	5 35.4	− 5.91
13	γ	Lep	3.5	d F 7	V	. . . .	26	5 44.5	−22.45
14	ζ	Lep	3.6	A 3	V	. . . .	80	5 47.0	−14.82
53	κ	Ori	2.1	B 0	Ia	**Saiph**	1500	5 47.8	− 9.67
15	δ	Lep	3.8	G8	III	. . . .	150	5 51.3	−20.88
16	η	Lep	3.7	F 0	IV	. . . .	70	5 56.4	−14.17

DOPPELST.			Helligk.		Spektr.		Pos.	Dist.	ab
4	κ	Lep	$4.^m4$	$7.^m3$	B 8	F 1	358°	$2.''6$	T
19	β	Ori	0.1	6.8	B 8	B 7	202	9.5	T
41	ϑ	Ori	5.1	6.7	O6	O7	312	12.8	t
				6.7		B 0	61	13.4	t
				8.0		B 0	342	16.8	t
			5.1	6.4	O9	B 0	92	52.5	f
				beide $5.^m1$	Sterne		134	135	O
42		Ori	4.7	7.9	B 2	B 7	213	1.6	T
44	ι	Ori	2.8	6.9	O9	B 7	141	11.3	t
13	γ	Lep	3.6	6.2	F 6	G5	350	97	f

VERÄNDERLICHER

R Lep Mira–Typ
Per. 430 d
Max. 2447640
Min. Phase 0.45
sehr rötlicher Stern, besonders im Minimum

RX Lep unregelm.

5 μ Lep unregelm.
Per. ≈ 2 d

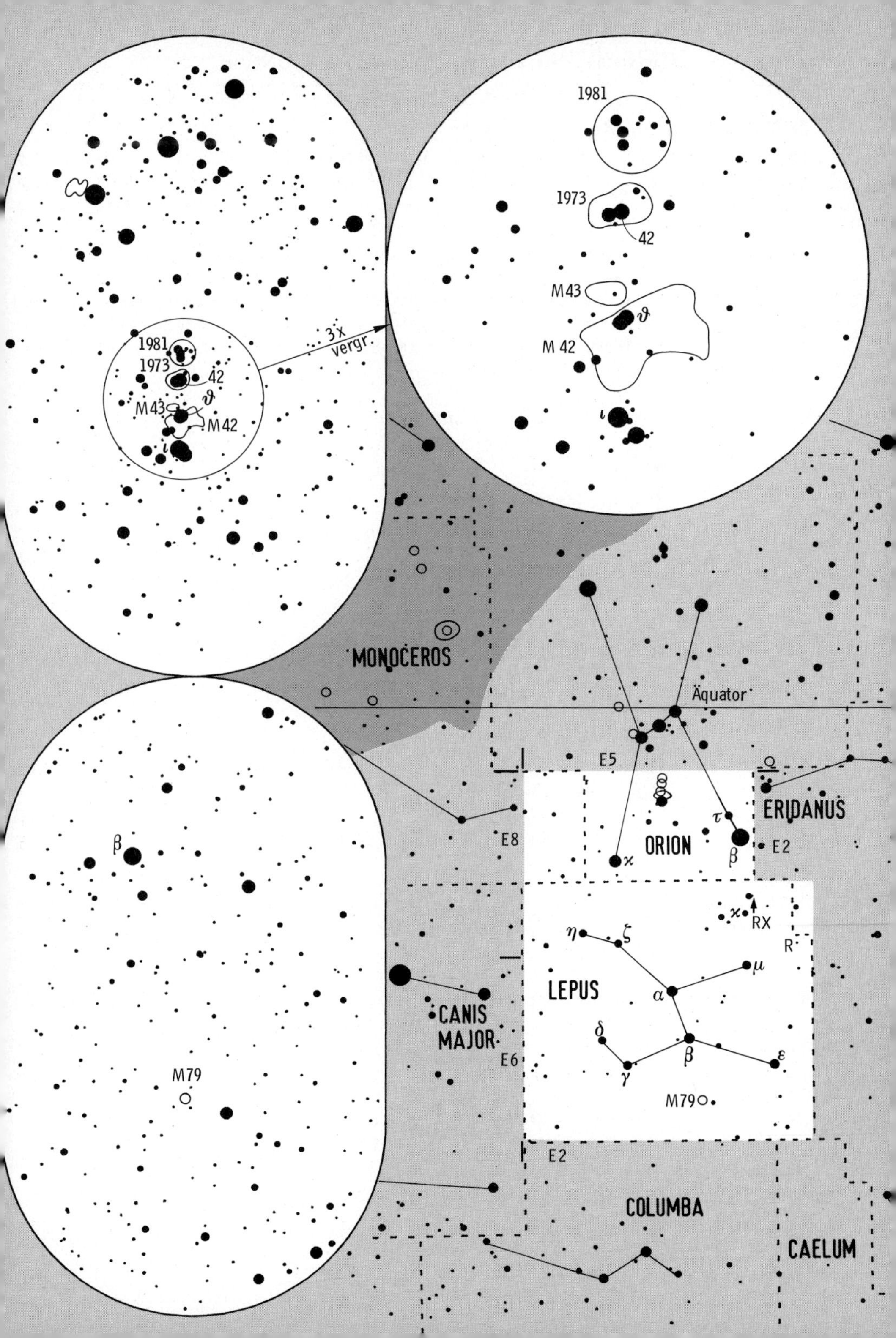
1981
1973
42
M43
M 42
3 x
vergr.
MONOCEROS
Äquator
E5
ERIDANUS
ORION
E2
E8
RX
R
LEPUS
CANIS
MAJOR
E6
M79
E2
COLUMBA
CAELUM

NEBEL		Bild	Helligkeit		Größe	Form	Typ	ab	Entf.	Rekt.	Dekl.
1788		Ori	10^m	$11^m_{(5')}$	$8'$	Re 4	Gasn	t	1500Lj	5^h07^m	$-3^\circ.4$
2024		Ori	8	11	20	Em2	Gasn	F	1500	5 41	− 1.9
2068	M78	Ori	8	9	8	Re 3	Gasn	O	1500	5 47	+ 0.1

1788 einer der wenigen Reflexionsnebel, schwieriges Objekt, Stern 10^m

2024 relativ hell und strukturreich, aber ζ Orionis stört sehr, saubere Optik notwendig, Alnitak außerhalb des Feldes positionieren

2068 M78 hellster Reflexionsnebel, erscheint leicht kometenähnlich, im größeren Teleskop zeigen sich dunkle Staubstrukturen im Nebel

STERN			Helligkeit	Spektr.		Name, Bemerkung	Entf.	Rekt.	Dekl.
1	π^3	Ori	$3^m.2$	F 6	V	. . . .	25Lj	$4^h49^m.8$	$+6^\circ.96$
3	π^4	Ori	3.7	B 2	III	. . . .	1000	4 51.2	+ 5.61
8	π^5	Ori	3.7	B 2	III	. . . .	1000	4 54.3	+ 2.44
14		Ori	5.3	d A 0	V	. . . .	150	5 07.9	+ 8.50
22		Ori	4.4	d B 2	IV	. . . .	1500	5 21.7	− 0.39
23		Ori	4.9	d B 1	V	. . . .	1500	5 22.8	+ 3.55
28	η	Ori	3.4	d B 1	V	. . . .	800	5 24.5	− 2.40
24	γ	Ori	1.6	B 2	III	**Bellatrix**	400	5 25.1	+ 6.35
32		Ori	4.2	d B 5	IV	. . . .	500	5 30.8	+ 5.95
33		Ori	5.5	d B 1	V	. . . .	1500	5 31.2	+ 3.29
34	δ	Ori	2.2	d O9	II	**Mintaka**	1500	5 32.0	− 0.30
VV		Ori	5.3–5.6	B 1	V	. . . .	1500	5 33.5	− 1.16
39	λ	Ori	3.4	d O8	V	. . . .	1500	5 35.1	+ 9.93
46	ε	Ori	1.7	B 0	Ia	**Alnilam**	1500	5 36.2	− 1.20
48	σ	Ori	3.6	d B 0	V	. . . .	1500	5 38.7	− 2.60
50	ζ	Ori	1.8	d O9	Ib	**Alnitak**	1500	5 40.8	− 1.94
52		Ori	5.3	d A 5	V	. . . .	200	5 48.0	+ 6.45
58	α	Ori	0.4–1.3	M2	Ia	**Betelgeuse, Beteigeuze**	400	5 55.2	+ 7.41

DOPPELST.			Hellig.		Spektr.			Pos.	Dist.	ab
14		Ori	$5^m.8$	$6^m.5$	A 0	A	'90	349°	$0''.7$	-
							2000	322	0.8	T
							2010	301	0.9	T
22		Ori	4.7	5.7	B 2	B 3		240	242	o
23		Ori	5.0	7.2	B 1	B 5		28	32.0	F
28	η	Ori	3.7	4.8	B 1	B 2		78	1.7	t
32		Ori	4.5	5.8	B 5	B 7		41	1.1	T
33		Ori	5.8	7.0	B 1	B 4		27	1.8	t
34	δ	Ori	2.2	6.9	O9	B 2		0	52.6	t
39	λ	Ori	3.6	5.5	O8	B 0		43	4.4	t
48	σ	Ori	3.8	6.6	B 0	B 2		84	12.9	t
				6.7		B 2		61	42.9	f
50	ζ	Ori	1.9	4.0	O9	B 0		165	2.3	t
52		Ori	6.0	6.0	A 1	F 0		214	1.4	T

VERÄNDERLICHER

VV Ori β Lyr–Typ
Per. 1.485378 d
Min. 2447528.67
Max. Ph. ≈ 0.1–0.9

58 α Ori halbregelm.
Per. ≈ 6 Jahre
kleine Schwankungen mit 200–400 d Periode, schneller Helligkeitsabfall möglich, hellster Veränderlicher, gelbe Vergleichssterne fehlen

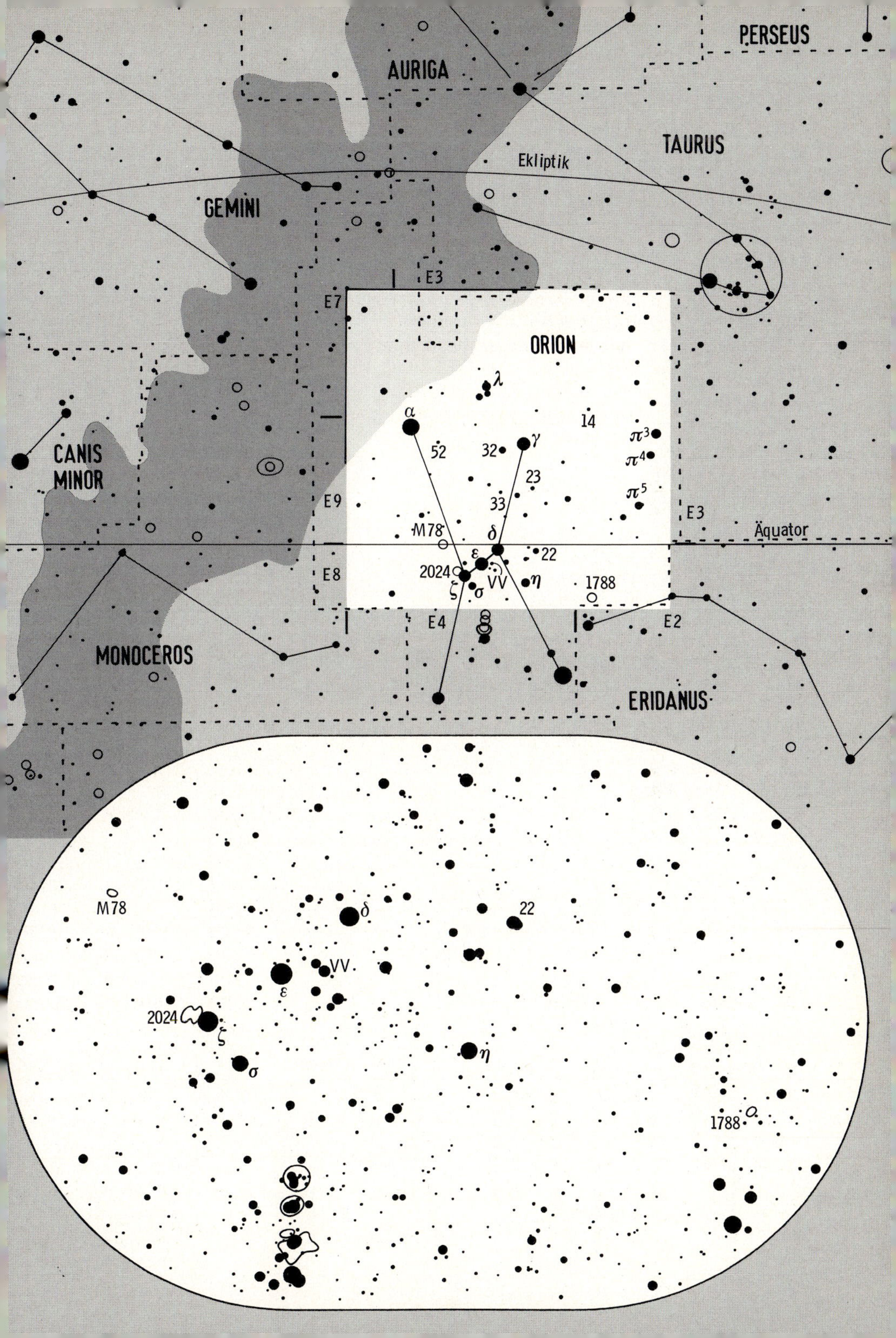

PERSEUS
AURIGA
TAURUS
Ekliptik
GEMINI
ORION
CANIS MINOR
MONOCEROS
ERIDANUS
Äquator
E3
E7
E9
E8
E4
E2
λ
α
γ
52
32
14
23
33
π3
π4
π5
M78
δ
ε
22
2024
VV
η
ζ
σ
1788
M78
δ
22
VV
ε
2024
ζ
σ
η
1788

NEBEL		Bild	Helligkeit		Größe	Form	Typ	ab	Entf.	Rekt.	Dekl.
2287	M41	CMa	5^m	9$^m_{(5')}$	30$'$	m	OffnS	a	2500Lj	6^{h}47^m	−20°.7
2362		CMa	4	5	6	p n	OffnS	a	5000	7 19	−24.9
2447	M93	Pup	6½	9	15	m	OffnS	o	4000	7 45	−23.9

2287 M41 wunderbar aufgelöst im Fernglas, ein Prachtobjekt für kleinere Instrumente, selbst mit freiem Auge schon als Nebel sichtbar, kaum beeindruckend im Teleskop, wenig schwache Sterne

2362 im Fernglas beinahe nur ein Stern sichtbar: τ CMa 4^m.4, im kleineren Teleskop gut aufgelöst, mittlere Vergrößerung günstig

2447 M93 enthält ein paar helle Sterne, die im Fernglas aufgelöst sind, einige schwächere Sterne bilden einen nebligen Hintergrund und zeigen sich schön aufgelöst im Teleskop, längliche Form

STERN			Helligkeit	Spektr.			Name, Bemerkung	Entf.	Rekt.	Dekl.
1	ζ	CMa	3^m.0	d	B3	V	Phurud	300Lj	6^{h}20^m.3	−30°.06
2	β	CMa	2.0		B1	II	Mirzam	733	6 22.7	−17.96
7	ν^2	CMa	4.0		K1	III	. . . .	80	6 36.7	−19.26
9	α	CMa	−1.5		A1	V	**Sirius**	8.7	6 45.1	−16.72
13	κ	CMa	3.9		B2	IV	. . . .	800	6 49.8	−32.51
16	o^1	CMa	3.8–4.0		K3	Ia	. . . .	2000	6 54.1	−24.18
21	ε	CMa	1.5	d	B2	II	**Adhara**	500	6 58.6	−28.97
22	σ	CMa	3.5		K8	Ib	. . . .	1500	7 01.7	−27.93
24	o^2	CMa	3.0		B3	Ia	. . . .	2500	7 03.0	−23.83
23	γ	CMa	4.1		B8	II	. . . .	1000	7 03.8	−15.63
25	δ	CMa	1.8		F8	Ia	Wezen	3000	7 08.4	−26.39
27		CMa	4.4–4.7		B3	III	EW Canis Majoris .	1000	7 14.3	−26.35
28	ω	CMa	3.6–4.2		B3	IV	. . . . . ⌈genannt⌉	500	7 14.8	−26.77
145		CMa	4.5	d	K1	Ib	nicht überall 145 CMa	2000	7 16.6	−23.32
29		CMa	4.8–5.3		O8	Ia	UW Canis Majoris .	5000	7 18.7	−24.56
31	η	CMa	2.4	d	B5	Ia	Aludra	2500	7 24.1	−29.30
n		Pup	5.1	d	F4	V	. . . .	120	7 34.3	−23.47
	κ	Pup	3.8	d	B6	IV	auch k Puppis genannt	400	7 38.8	−26.80
3		Pup	4.0		A2	Ia	. . . .	5000	7 43.8	−28.96
7	ξ	Pup	3.2	d	G3	Ib	Aspidiske	800	7 49.3	−24.86
11		Pup	4.2		F8	II	. . . .	400	7 56.9	−22.88
15	ϱ	Pup	2.7		F6	II	. . . .	300	8 07.5	−24.30

DOPPELST.			Hellig.		Spektr.		Pos.	Dist.	ab
1	ζ	CMa	3^m.0	7^m.6	B3!	K0	338°	176$''$	f
21	ε	CMa	1.5	7.5	B2	A3	161	7.5	T
145		CMa	4.7	6.5	K5!	F0	51	26.4	F
31	η	CMa	2.4	7.0	B5	A0	285	180	f
n		Pup	5.8	5.9	F3	F5	117	9.7	t
	κ	Pup	4.5	4.6	B6	B7	318	9.9	t
7	ξ	Pup	3.3	5.3	G3	G0	229	288	o

VERÄNDERLICHER	
16 o^1 CMa	unregelm.
27 EW CMa	unregelm.
28 ω CMa	unregelm.
Per.	≈ 1 d ?
29 UW CMa	β Lyr–T.
Per.	4.39341 d
Min.	2447529.15

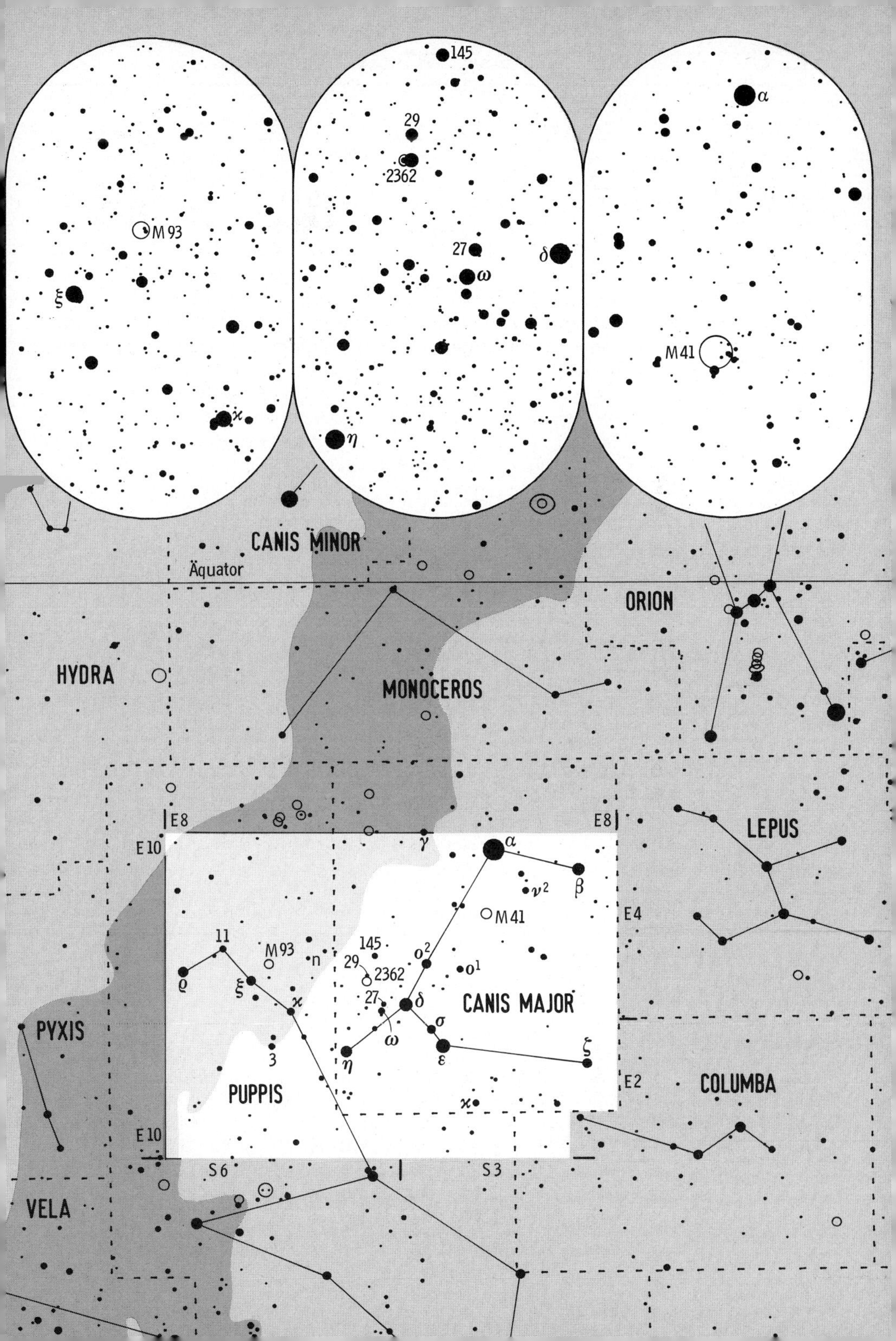
M 93
ξ
ϰ
145
29
2362
27
δ
ω
η
α
M41
CANIS MINOR
Äquator
ORION
HYDRA
MONOCEROS
E8
E10
γ
α
β
ν2
M41
LEPUS
E8
E4
11
M93
n
145
29
2362
o2
o1
ϱ
ξ
ϰ
27
δ
CANIS MAJOR
σ
ω
η
ε
ζ
PYXIS
3
PUPPIS
E2
COLUMBA
ϰ
E10
S6
S3
VELA

NEBEL		Bild	Helligkeit		Größe	Form	Typ	ab	Entf.	Rekt.	Dekl.
2129		Gem	7^m	$8^m_{(5')}$	$6'$	p	OffnS	o	6000Lj	6^h01^m	+23°.3
2168	M35	Gem	5½	9	30	r	OffnS	a	3000	6 09	+24.3
2175		Ori	7	10	20	p n	OffnS	o	6000	6 10	+20.3
2261		Mon	10	7	2	Re 5	Gasn	F	3000	6 39	+ 8.7
2264		Mon	4	6	15	p n	OffnS	a	3000	6 41	+ 9.9
2392		Gem	9	5	0.8	K 1	Plntr	f	2500	7 29	+20.9

2129 Fernglasobjekt, aber sehr unauffällig, enthält nur wenige Sterne

2168 M35 heller Nebel mit einigen Sternen im Fernglas, wunderschön aufgelöst im Teleskop, eindrucksvoll bei schwacher Vergrößerung

2175 unauffällig, sternarm, schwacher Gasnebel (NGC 2174) 10′ nördlich

2261 **Hubbles Veränderlicher Nebel**, innerhalb von Tagen veränderlich, Strukturen bei starker Vergrößerung im größeren Teleskop

2264 **Weihnachtsbaum Sternhaufen**, länglich, ein Stern $4^m.7$, sonst 8^m–10^m

2392 **Eskimonebel**, interessant bei starker Vergrößerung, helles Zentrum

STERN			Helligkeit	Spektr.		Name, Bemerkung	Entf.	Rekt.	Dekl.
7	η	Gem	$3^m.3$–$3^m.9$	M3	III	Tejat Prior	200Lj	$6^h14^m.9$	+22°.51
13	μ	Gem	2.9	M3	III	Tejat Posterior . . .	150	6 23.0	+22.51
18	ν	Gem	4.1	B 7	IV	. . . .	300	6 29.0	+20.21
24	γ	Gem	1.9	A 0	IV	**Alhena**	90	6 37.7	+16.40
15		Mon	4.7	d O7	V	in NGC 2264	3000	6 41.0	+ 9.90
27	ε	Gem	3.0	G8	Ib	Mebsuta	600	6 43.9	+25.13
31	ξ	Gem	3.4	F 5	III	. . . .	80	6 45.3	+12.90
34	ϑ	Gem	3.6	A 3	III	. . . .	150	6 52.8	+33.96
38		Gem	4.7	d F 0	V	. . . .	80	6 54.6	+13.18
43	ζ	Gem	3.7–4.2	d G0	Ib	Mekbuda	1500	7 04.1	+20.57
54	λ	Gem	3.6	A 3	V	. . . .	80	7 18.1	+16.54
55	δ	Gem	3.5	F 2	IV	Wasat	60	7 20.1	+21.98
60	ι	Gem	3.8	K0	III	. . . .	150	7 25.7	+27.80
62	ϱ	Gem	4.2	F 0	V	. . . .	60	7 29.1	+31.78
66	α	Gem	1.6	d A 1	V	**Castor**	50	7 34.6	+31.89
69	υ	Gem	4.1	M0	III	. . . .	250	7 35.9	+26.90
77	κ	Gem	3.6	G8	III	. . . .	150	7 44.4	+24.40
78	β	Gem	1.1	K0	III	**Pollux**	35	7 45.3	+28.03

DOPPELST.			Hellig.		Spektr.		Pos.	Dist.	ab
15		Mon	$4^m.7$	$7^m.6$	O7	B7	214°	2″.8	T
38		Gem	4.7	7.7	A9	G5	145	7.1	t
43	ζ	Gem	4	7.6	G0	G1	346	101	f
66	α	Gem	1.9	2.9	A1	A2 '90	76	3.0	t
						1995	69	3.5	t
						2000	65	3.9	t
						2005	61	4.3	t
						2010	57	4.7	t

VERÄNDERLICHER		
7 η	Gem	Algol–Typ
	Per.	232.9 d
	Min.	2447740
	Max.Ph.	.025–.975
43 ζ	Gem	Cepheid
	Per	10.1508 d
	Max.	2447531.25
	Min.	Phase 0.50

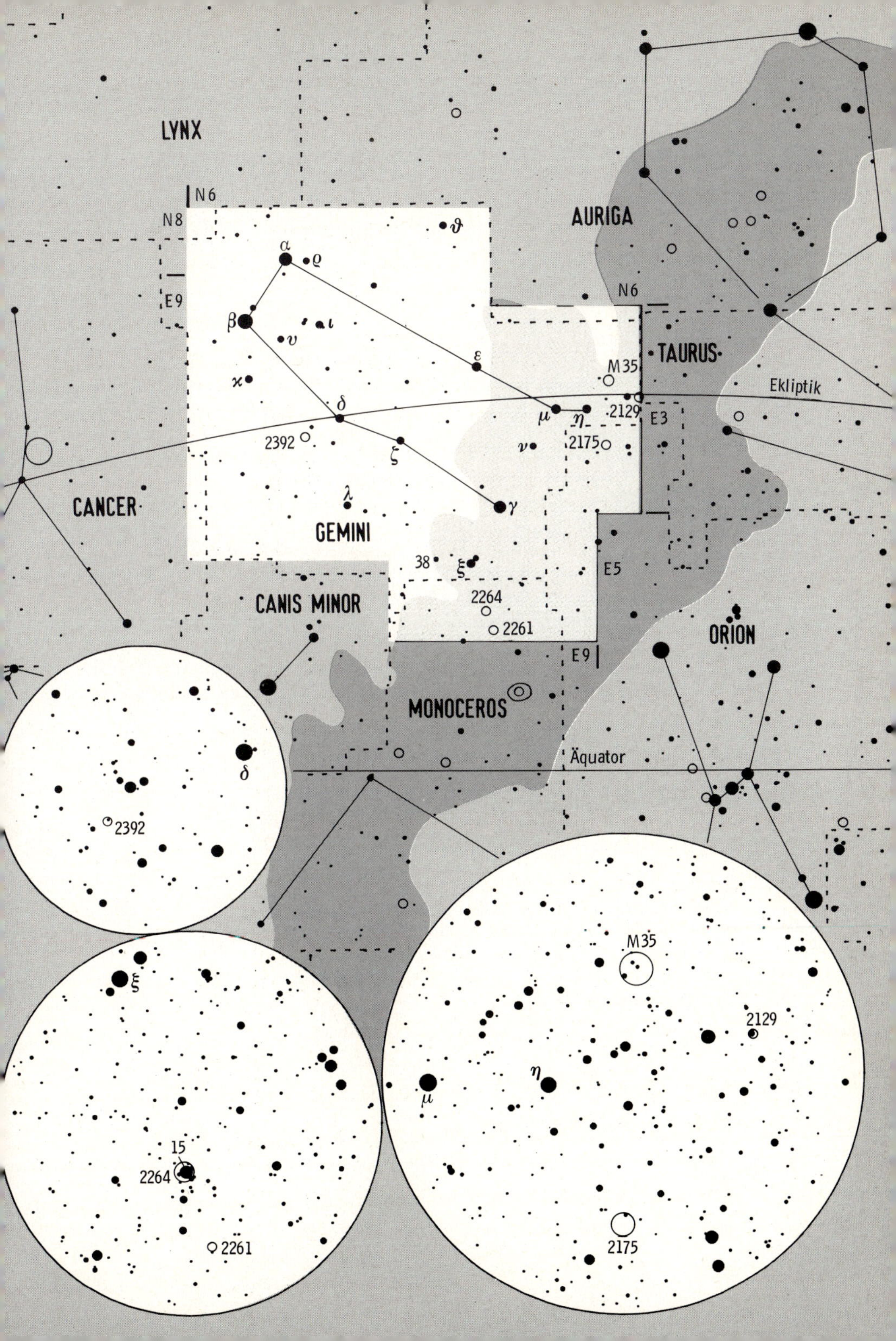

LYNX
AURIGA
TAURUS
GEMINI
CANCER
CANIS MINOR
ORION
MONOCEROS
N6
N8
E9
N6
E3
E5
E9
M35
2129
2175
2392
38
2264
2261
Ekliptik
Äquator
15
2264
2261
2392
M35
2129
2175

NEBEL		Bild	Helligkeit		Größe	Form	Typ	ab	Entf.	Rekt.	Dekl.
2323	M50	Mon	7^m	$9^m_{(5')}$	15′	r	OffnS	o	3000Lj	7^h03^m	$-8^\circ.3$
2360		CMa	8	10	12	m	OffnS	O	5000	7 18	−15.6
2359		CMa	9	10	8	Em3	Gasn	f	4000	7 18	−13.2
2422	M47	Pup	4½	8	25	m	OffnS	a	2000	7 37	−14.5
2423		Pup	7	10	20	m	OffnS	o	4000	7 37	−13.9
2437	M46	Pup	6½	10	25	r	OffnS	o	6000	7 42	−14.8
2438		Pup	11	8	1.0	R 0	Plntr	t	4000	7 42	−14.7
2539		Pup	8	11	20	m	OffnS	f	5000	8 11	−12.8

2323 M50 hellste Sterne im Fernglas einzeln sichtbar, am schönsten im Teleskop bei schwacher Vergrößerung, deutlich asymmetrisch

2360 im Fernglas noch neblig, selbst im Teleskop nicht vollständig aufgelöst, ziemlich konzentriert, asymmetrische Form

2359 enthält einige Sterne, Gasnebel schwach im Fernglas, oval im Teleskop, interessante Strukturen mit Nebelfilter

2422 M47 eindrucksvoller Sternhaufen für kleine Instrumente, kaum besser im Teleskop, selbst mit freiem Auge als Nebel sichtbar

2423 besteht aus schwachen Sternen, teilweise Doppelsternen, relativ symmetrische Sternverteilung, nebelförmig im Fernglas

2437 M46 heller großer Nebel im Fernglas, beeindruckende Sternenzahl im größeren Teleskop, besonders reich an schwächeren Sternen

2438 im nördlichen Teil von M46, lichtschwach, stark vergrößern

2539 schwierig im Fernglas, sehr interessant im größeren Teleskop, verschiedene Sternverdichtungen, unregelmäßiger Umriß

STERN			Helligkeit	Spektr.	Name, Bemerkung	Entf.	Rekt.	Dekl.
5	γ	Mon	$4^m.0$	K3 III	. . . .	200Lj	$6^h14^m.9$	$-6^\circ.27$
11	β	Mon	3.8	d B3 V	. . . .	800	6 28.8	− 7.03
14	ϑ	CMa	4.1	K4 III	. . . .	200	6 54.2	−12.04
18	μ	CMa	5.0	d G3 III	. . . .	500	6 56.1	−14.04
22	δ	Mon	4.2	A1 IV	. . . .	200	7 11.9	− 0.49
U		Mon	5.8–7.2	G4 Ib	. . . .	4000	7 30.8	− 9.78
26	α	Mon	3.9	K0 III	. . . .	200	7 41.2	− 9.55
2		Pup	5.7	d A3 V	. . . .	250	7 45.5	−14.69
5		Pup	5.5	d F5 IV	. . . .	200	7 47.9	−12.19
29	ζ	Mon	4.3	G2 Ib	. . . .	2000	8 08.6	− 2.98
19		Pup	4.7	d K0 III	. . . .	150	8 11.3	−12.93

DOPPELST.			Helligk.		Spektr.		Pos.	Dist.	ab
11	β	Mon	$4^m.5$	$5^m.4$	B3	B3	132°	7″.3	t
				5.6		B3	106 B	2.8	t
18	μ	CMa	5.1	7.9	G5!	A2	340	3.0	t
2		Pup	6.1	6.9	A2	A7	339	16.8	t
5		Pup	5.6	7.6	F4	G3	0	1.8	T
19		Pup	4.7	7.8	K0	K	256	71	F

VERÄNDERLICHER

U Mon halbregelm. Per. 92 d pulsierender Stern, ähnlich Mira–Typ, Lichtkurve ähnlich dem β Lyr–Typ

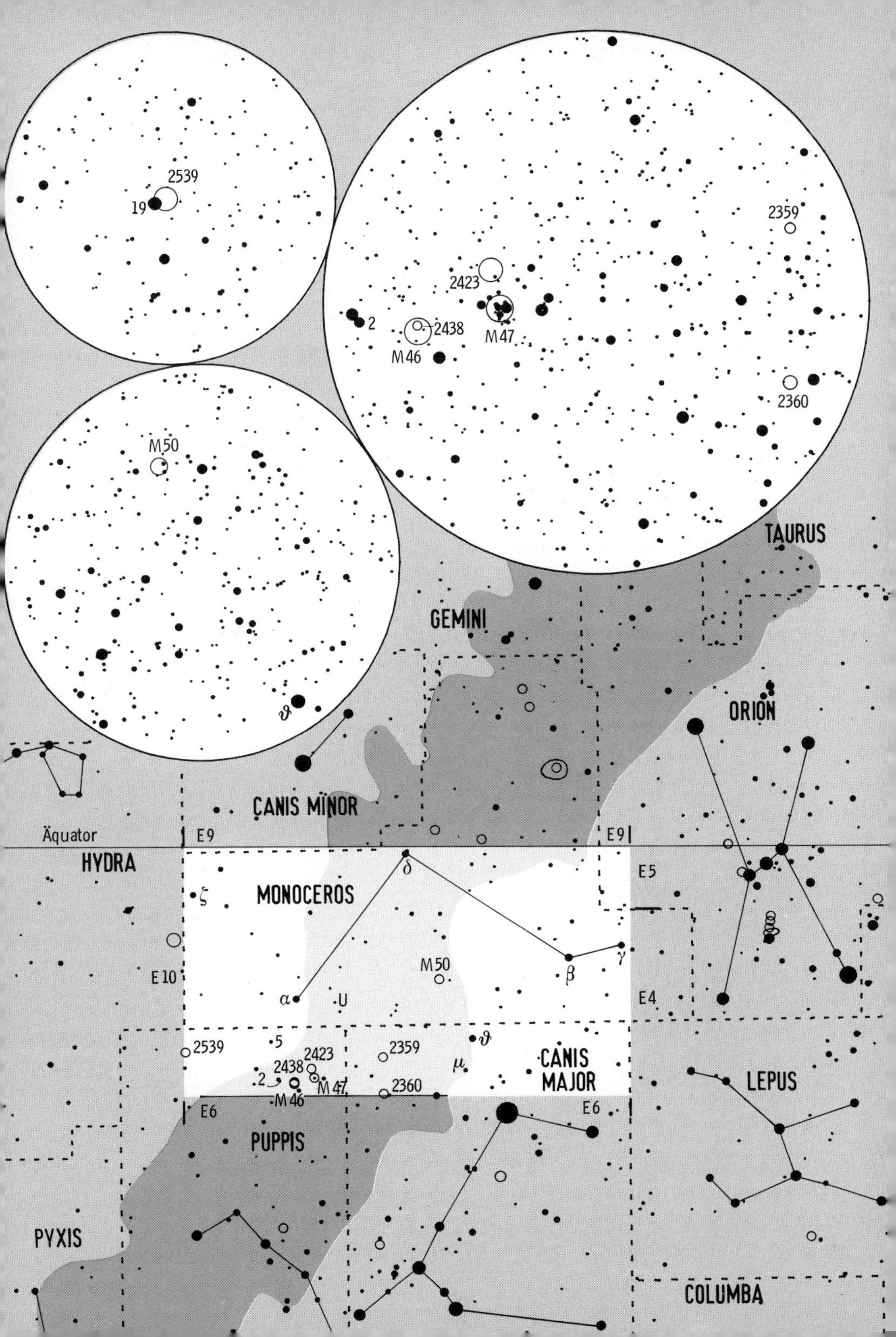
2539
19
M50
ϑ
2359
2423
2
2438
M47
M46
2360
TAURUS
GEMINI
ORION
CANIS MINOR
Äquator
E9
E9
HYDRA
MONOCEROS
ζ
δ
E5
E10
M50
β
γ
α
U
E4
2539
5
2423
2359
ϑ
2438
CANIS MAJOR
μ
M47
2360
M46
E6
E6
LEPUS
PUPPIS
PYXIS
COLUMBA

NEBEL		Bild	Helligkeit		Größe	Form	Typ	ab	Entf.	Rekt.	Dekl.
2237		Mon	6^m	$12^m_{(5')}$	$80'$	Em2	Gasn	f	5000Lj	6^h32^m	$+5.^\circ0$
2244		Mon	5	9	25	p n	OffnS	a	5000	6 32	+ 4.9
2301		Mon	6	8	15	m	OffnS	o	2500	6 52	+ 0.5
2324		Mon	$8\frac{1}{2}$	9	8	r	OffnS	f	15000	7 04	+ 1.1
2632	M44	Cnc	$3\frac{1}{2}$	9	80	m	OffnS	a	500	8 40	+20.0
2682	M67	Cnc	7	10	20	m	OffnS	o	2500	8 51	+11.8

2237		**Rosettennebel**, Nebelfilter beinahe notwendig (NGC 2237–39, 2246)
2244		im Rosettennebel, schön im Fernglas, nicht besser im Teleskop
2301		schon im Fernglas teilweise aufgelöst, im Teleskop vollständig
2324		erst im größeren Teleskop beeindruckend viele Sterne erkennbar
2632	M44	**Praesepe, Bienenstock, Krippe**, einfach mit freiem Auge sichtbar, eindrucksvoll im Fernglas, kaum besser im Teleskop
2682	M67	großer Nebelfleck im Fernglas, wunderbar aufgelöst im Teleskop

STERN			Helligkeit	Spektr.	Name, Bemerkung	Entf.	Rekt.	Dekl.
8	ε	Mon	$4.^m3$	d A6 IV	nicht überall ε Mon ge-	150Lj	$6^h23.^m8$	$+4.^\circ59$
T		Mon	5.6–6.6	G4 Ib	. . . . . . ⌊nannt⌋	8000	6 25.2	+ 7.09
3	β	CMi	2.9	B8 V	Gomeisa	150	7 27.1	+ 8.29
4	γ	CMi	4.3	K3 III	. . . .	200	7 28.2	+ 8.93
10	α	CMi	0.4	F5 IV	**Prokyon**	11	7 39.3	+ 5.22
16	ζ	Cnc	4.7	d G0 V	. . . .	70	8 12.2	+17.65
17	β	Cnc	3.5	K4 III	Altarf	200	8 16.5	+ 9.19
23	φ^2	Cnc	5.6	d A4 IV	. . . .	400	8 26.8	+26.94
43	γ	Cnc	4.7	A1 V	Asellus Borealis . .	150	8 43.3	+21.47
47	δ	Cnc	3.9	K0 III	Asellus Australis . .	150	8 44.7	+18.15
48	ι	Cnc	3.9	d G8 III	. . . .	300	8 46.7	+28.76
55	ϱ^1	Cnc	5.3	d K4 IV	Begleitstern ist 53 Cnc	45	8 52.5	+28.30
57		Cnc	5.4	d G9 III	. . . .	600	8 54.2	+30.58
X		Cnc	5.6–7.5	C6 II	. . . .	2000	8 55.4	+17.23
65	α	Cnc	4.3	A5 V	Acubens	150	8 58.5	+11.86
RS		Cnc	5.0–5.6	M6 II	. . . .	2000	9 10.6	+30.96

DOPPELST.			Helligk.		Spektr.			Pos.	Dist.	ab
8	ε	Mon	$4.^m4$	$6.^m7$	A5	F5		27°	$13.''3$	t
16	ζ	Cnc	5.6	6.0	F8	G0	'90	182	0.6	-
							1995	125	0.7	-
							2000	86	0.8	T
							2005	59	1.0	T
							2010	38	1.1	T
				6.2		G4		72	6.0	t
23	φ^2	Cnc	6.3	6.3	A3	A6		220	5.2	t
48	ι	Cnc	4.0	6.6	G6	A3		307	30.5	F
55	ϱ^1	Cnc	6.0	6.2	G8	M3		200	275	o
57		Cnc	6.0	6.4	G8	K0		310	1.4	T

VERÄNDERLICHER

T Mon	Cepheid
Per.	27.025 d
Max.	2447541
Min.	Phase 0.73
1960 war Periode	
noch 27.020 d	
X Cnc	halbregelm.
Per.	≈ 180 d
besondes rötlich	
RS Cnc	halbregelm.
Per.	≈ 120 d

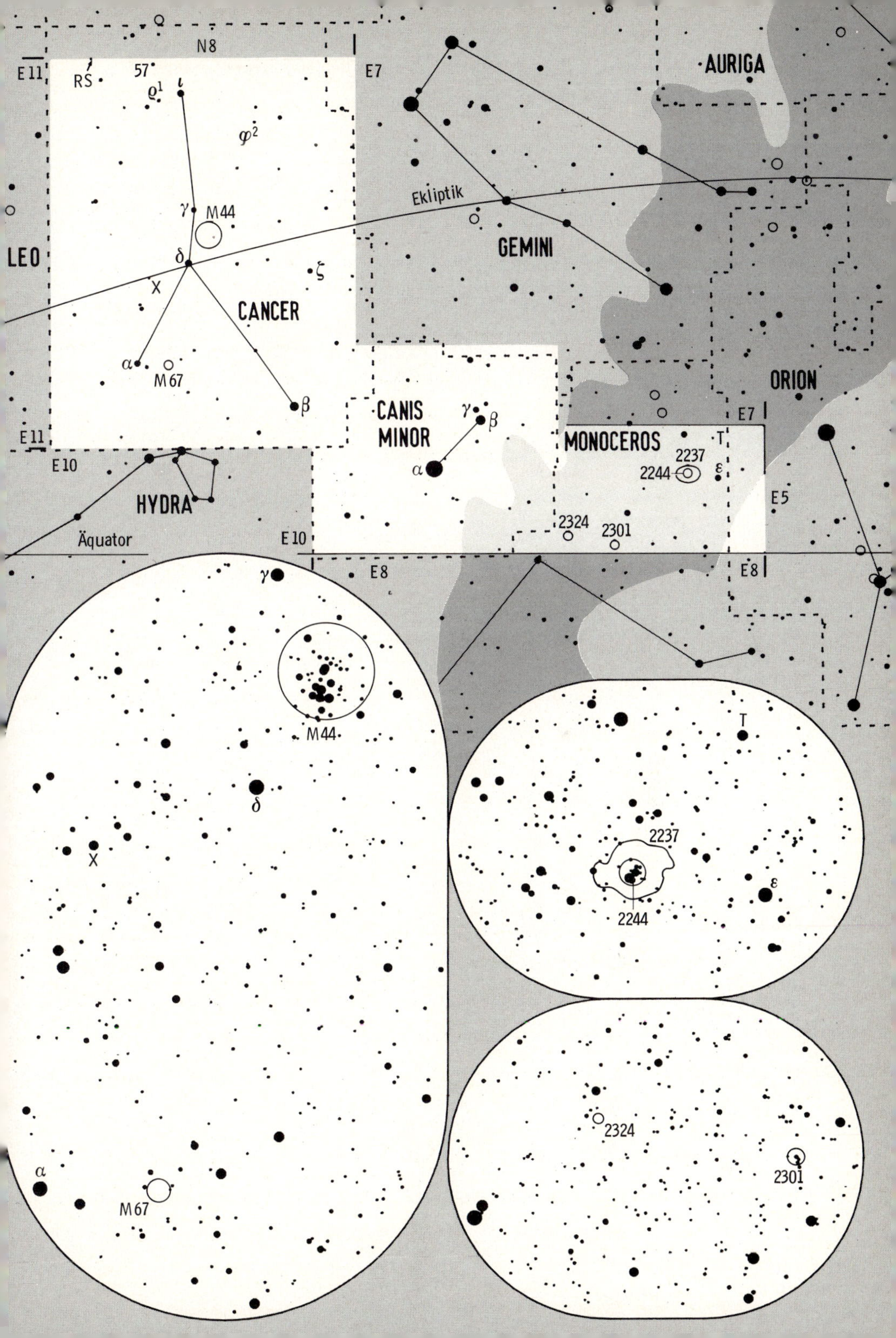
N8
E11
RS
57
ϱ1
ι
φ2
E7
AURIGA
LEO
γ
M44
δ
X
ζ
CANCER
Ekliptik
GEMINI
α
M67
β
CANIS
MINOR
γ
β
α
MONOCEROS
T
2237
2244
ε
E7
ORION
E5
E11
E10
HYDRA
Äquator
E10
2324
2301
E8
E8
γ
M44
δ
X
α
M67
T
2237
2244
ε
2324
2301

NEBEL		Bild	Helligkeit		Größe	Form		Typ	ab	Entf.	Rekt.	Dekl.
2548	M48	Hya	$5\frac{1}{2}^m$	$10^m_{(5')}$	40′	m		OffnS	A	2500Lj	8^h14^m	– 5°.8
3115		Sex	$9\frac{1}{2}$	9	5	L	7	Galx	f	20 M	10 05	– 7.7
3242		Hya	9	4	0.6	K	1	Plntr	O	3000	10 25	–18.6

2548 M48 schöner heller Sternhaufen im Fernglas, kaum besser im Teleskop, Messier gab die Deklination von M48 5° weiter nördlich an

3115 **Spindel–Galaxie**, Spindelform erst im Teleskop bei stärkerer Vergrößerung erkennbar, schöne Kantenlage, heller Kern

3242 **Jupiters Geist**, ähnliche Größe wie Jupiter, stark vergrößern, grünliches Scheibchen im größeren Teleskop

STERN			Helligkeit	Spektr.		Name, Bemerkung	Entf.	Rekt.	Dekl.
C		Hya	3.m9	A0	V	. . . .	150Lj	$8^h25^m.7$	– 3°.91
4	δ	Hya	4.2	A0	V	. . . .	150	8 37.7	+ 5.70
5	σ	Hya	4.4	K2	III	. . . .	150	8 38.8	+ 3.34
	β	Pyx	4.0	G5	II	. . . .	300	8 40.1	–35.31
7	η	Hya	4.3	B3	V	. . . .	500	8 43.2	+ 3.40
	α	Pyx	3.7	B2	III	. . . .	1200	8 43.6	–33.19
11	ε	Hya	3.4	dG0	III	. . . .	150	8 46.8	+ 6.42
13	ϱ	Hya	4.4	A0	V	. . . .	150	8 48.4	+ 5.84
	γ	Pyx	4.0	K4	III	. . . .	200	8 50.5	–27.71
16	ζ	Hya	3.1	K0	III	. . . .	150	8 55.4	+ 5.95
22	ϑ	Hya	3.9	A0	V	. . . .	150	9 14.4	+ 2.31
27		Hya	4.7	dG6	III	. . . .	150	9 20.5	– 9.56
30	α	Hya	2.0	K3	III	**Alphard**	90	9 27.6	– 8.66
31	τ^1	Hya	4.5	dF7	V	. . . .	50	9 29.1	– 2.77
35	ι	Hya	3.9	K3	III	. . . .	200	9 39.9	– 1.14
39	υ^1	Hya	4.1	G8	III	. . . .	150	9 51.5	–14.85
8	γ	Sex	5.1	dA2	V	. . . .	300	9 52.5	– 8.11
15	α	Sex	4.5	B9	IV	. . . .	300	10 07.9	– 0.37
41	λ	Hya	3.6	K0	III	. . . .	150	10 10.6	–12.35
42	μ	Hya	3.8	K4	III	. . . .	200	10 26.1	–16.84
	α	Ant	4.3	K6	III	. . . .	200	10 27.2	–31.07
U		Hya	4.7–5.2	C6	II	. . . .	2000	10 37.6	–13.38
35		Sex	5.8	dK2	III	. . . .	800	10 43.3	+ 4.75
	ν	Hya	3.1	K2	III	. . . .	120	10 49.6	–16.19

DOPPELST.			Helligk.		Spektr.			Pos.	Dist.	ab
11	ε	Hya	3.m4	7.m0	G0	F7	’90	294°	2.″7	T
							2010	310	2.7	T
27		Hya	4.8	7.0	G8	F2		211	230	O
31	τ^1	Hya	4.6	7.6	F6	K2		3	66	F
8	γ	Sex	5.6	6.1	A1	A4	’90	67	0.6	-
							2010	45	0.6	-
35		Sex	6.1	7.2	K3	K0		240	6.8	t

VERÄNDERLICHER

U Hya halbregelm.
Per. ≈ 450 d
besonders rötlich im Minimum, große Helligkeitsschwankung im blauen Licht

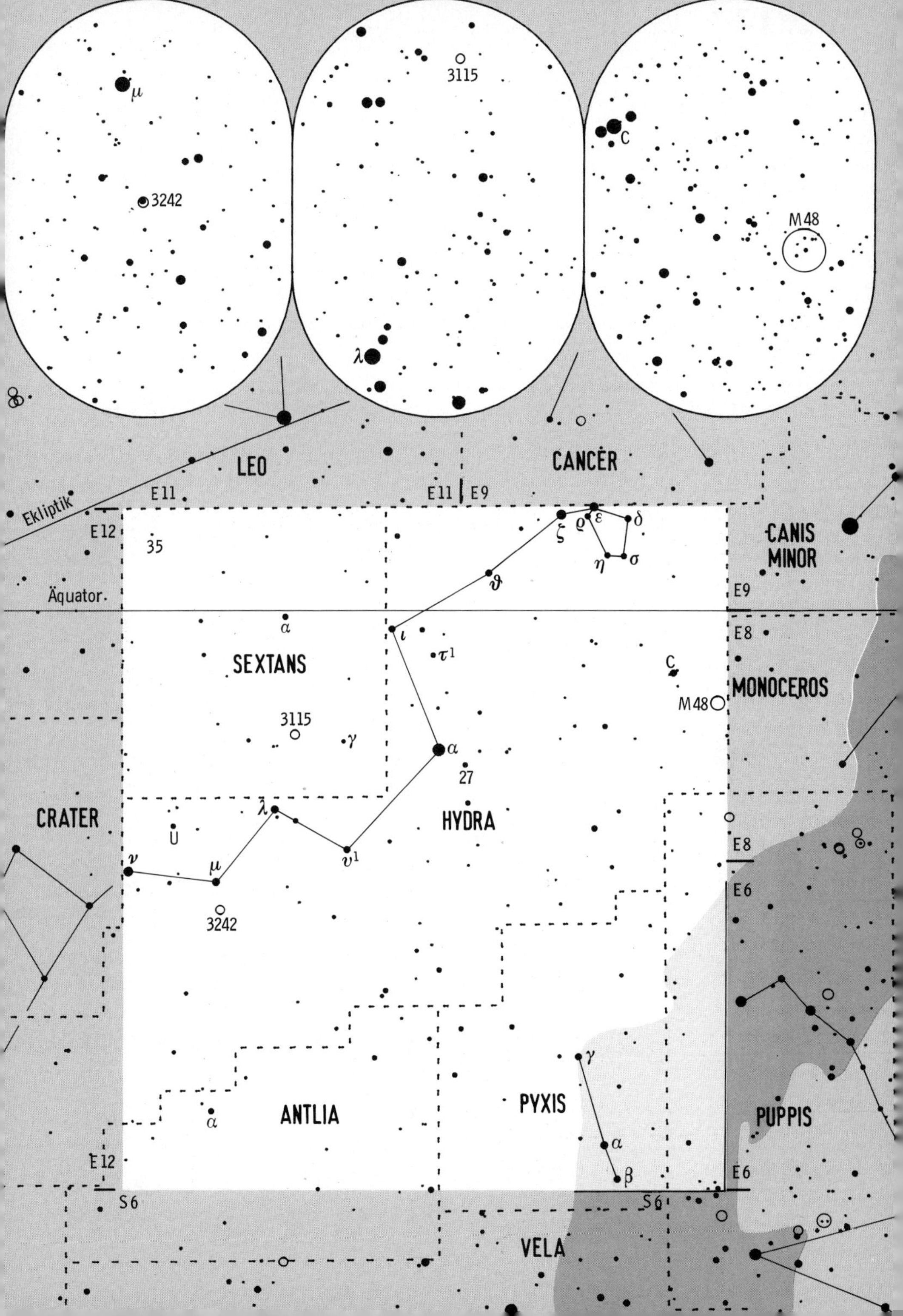

μ
3242
3115
λ
C
M48
LEO
CANCER
Ekliptik
E11
E11
E9
E12
35
Äquator
CANIS
MINOR
ζ
ϱ
ε
δ
η
σ
ϑ
E9
α
ι
τ1
E8
SEXTANS
C
MONOCEROS
M48
3115
γ
α
27
CRATER
λ
HYDRA
U
E8
ν
μ
υ1
E6
3242
γ
PYXIS
ANTLIA
α
PUPPIS
α
E12
β
E6
S6
S6
VELA

NEBEL		Bild	Helligkeit		Größe	Form	Typ	ab	Entf.	Rekt.	Dekl.
2903		Leo	9^m	$9^m_{(5')}$	8′	Sb 6	Galx	f	20 MLj	9^h32^m	+21°5
3351	M95	Leo	10	9	4	Sb 3	Galx	F	30 M	10 44	+11.7
3368	M96	Leo	9½	9	5	Sb 3	Galx	f	30 M	10 47	+11.8
3379	M105	Leo	9½	8	3	E 1	Galx	f	30 M	10 48	+12.6
3384		Leo	10	8	4	L 7	Galx	F	30 M	10 48½	+12.6
3623	M65	Leo	9½	9	8	Sa 8	Galx	f	30 M	11 19	+13.1
3627	M66	Leo	9	9	8	Sb 6	Galx	f	30 M	11 20	+13.0
3628		Leo	10	9	12	Sb 9	Galx	F	30 M	11 20	+13.6

2903		Galaxie mit ovaler Zentralaufhellung, relativ einfach zu finden
3351	M95	sternförmiger Kern, Balkenspirale im Amateurteleskop unsichtbar
3368	M96	Zentralgebiet ziemlich länglich, sternförmiger Kern
3379	M105	eher einfacher sichtbar als M95 und M96, sternförmiger Kern
3384		nur 8′ östlich von M105, Kern mit strukturlosem Nebel
3623	M65	kreisförmiges Zentralgebiet vor länglichem Hintergrundsnebel
3627	M66	im Fernglas sichtbar, aber erst im größeren Teleskop interessant, dunkle unregelmäßige Staubstrukturen gerade wahrnehmbar
3628		schwaches Staubband entlang der Kante südlich des Zentrums

STERN			Helligkeit	Spektr.		Name, Bemerkung	Entf.	Rekt.	Dekl.
2	ω	Leo	5.^{m}4	d F 9	V	. . . .	120Lj	9^h28.^{m}5	+ 9.°06
4	λ	Leo	4.3	K5	III	Alterf	250	9 31.7	+22.97
14	ο	Leo	3.5	A 5	V	. . . .	70	9 41.1	+ 9.89
17	ε	Leo	3.0	G0	II	. . . .	300	9 45.9	+23.77
R		Leo	4.4–11.3	M7	III	. . . .	300	9 47.6	+11.43
24	μ	Leo	3.9	K2	III	. . . .	200	9 52.8	+26.01
30	η	Leo	3.5	A 0	Ib	. . . .	2 000	10 07.3	+16.76
32	α	Leo	1.4	B 7	V	**Regulus**	80	10 08.4	+11.97
36	ζ	Leo	3.4	F 0	III	Aldhafera	120	10 16.7	+23.42
41	γ	Leo	2.1	d K0	III	Algieba	150	10 20.0	+19.84
47	ϱ	Leo	3.9	B 1	Ib	. . . .	2 500	10 32.8	+ 9.31
54		Leo	4.3	d A 1	V	. . . .	200	10 55.6	+24.75
68	δ	Leo	2.6	A 4	V	Zosma	60	11 14.1	+20.52
70	ϑ	Leo	3.3	A 2	V	Coxa	80	11 14.2	+15.43
78	ι	Leo	3.9	d F 3	IV	. . . .	70	11 23.9	+10.53
94	β	Leo	2.1	A 3	V	**Denebola**	40	11 49.1	+14.57

DOPPELST.			Helligk.		Spektr.			Pos.	Dist.	ab
2	ω	Leo	5.^{m}9	6.^{m}5	F 9	G	’90	53°	0.″5	-
							2000	84	0.6	-
							2010	103	0.7	-
41	γ	Leo	2.4	3.6	K1	G7		125	4.4	t
54		Leo	4.5	6.3	A1	A2		112	6.6	t
78	ι	Leo	4.0	6.7	F 2	G3	’90	131	1.5	T
							2010	105	2.0	T

VERÄNDERLICHER

R Leo	Mira–Typ
Per.	≈ 311 d
Max.	≈ 2447580
Min.	Phase 0.57
m.H.	5.^{m}8–10.^{m}0
Periode schwankt um einige Tage	

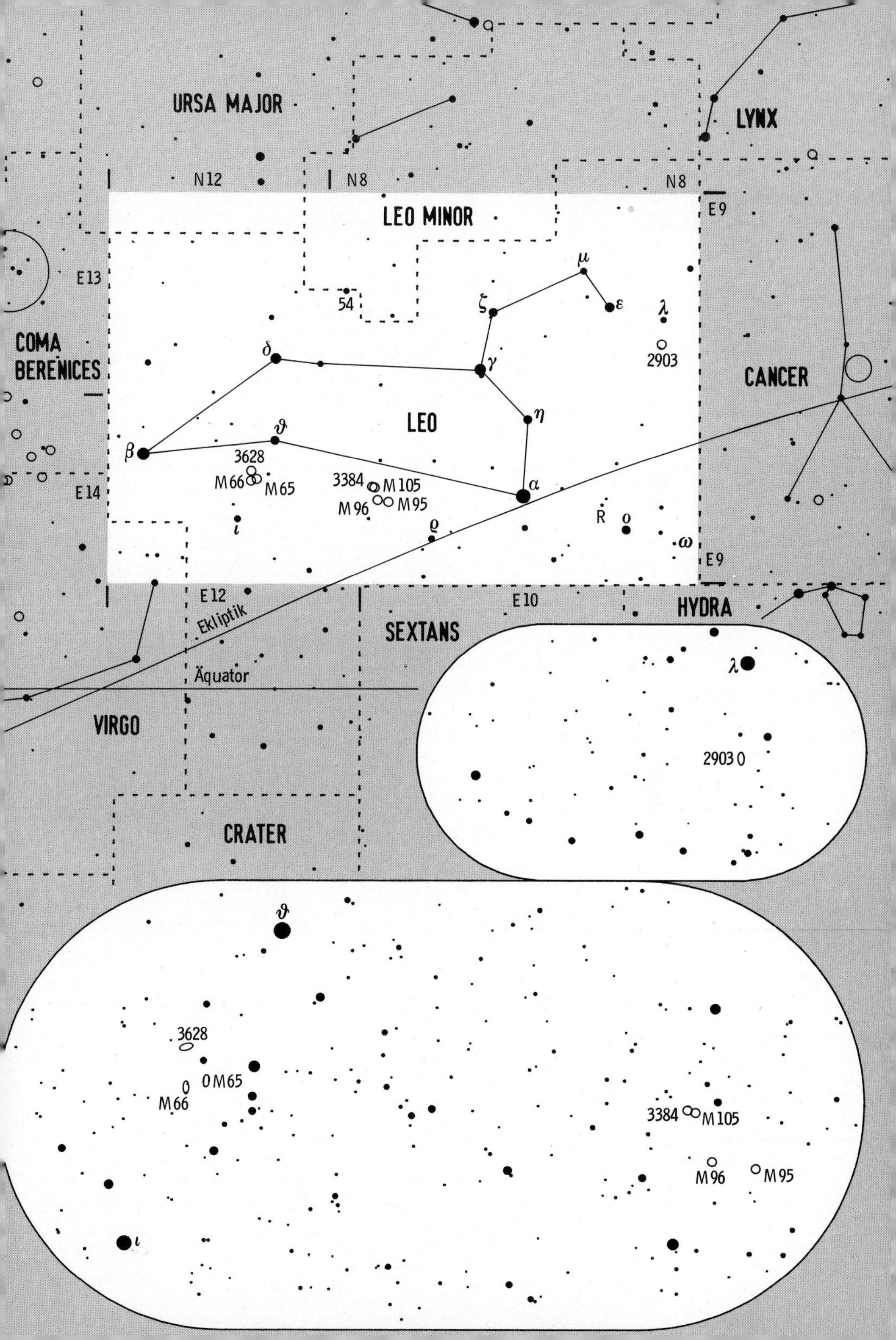
URSA MAJOR
LYNX
N12
N8
N8
E9
LEO MINOR
E13
54
μ
ζ
ε
λ
2903
COMA
BERENICES
δ
γ
CANCER
LEO
η
β
ϑ
3628
M66
M65
3384
M105
α
E14
M96
M95
R
o
ϱ
ι
ω
E9
E12
E10
HYDRA
Ekliptik
SEXTANS
λ
Äquator
VIRGO
2903
CRATER
ϑ
3628
M65
M66
3384
M105
M96
M95
ι

NEBEL		Bild	Helligkeit		Größe	Form	Typ	ab	Entf.	Rekt.	Dekl.
4361		Crv	11^m	$8^m_{(5')}$	$1'.5$	K 0	Plntr	F	4000Lj	12^h24^m	$-18^\circ.8$
4590	M68	Hya	8	10	8	X	KugS	O	30000	12 39½	−26.7
4594	M104	Vir	8½	8	8	Sa 7	Galx	O	40 M	12 40	−11.6
4697		Vir	9½	8	3	E 5	Galx	f	50 M	12 48½	− 5.8

4361 lichtschwacher Nebel, stärkere Vergrößerung notwendig
4590 M68 erst im größeren Teleskop auflösbar, dann aber auch im Zentrum
4594 M104 **Sombrero–Galaxie**, länglich, spindelförmiger Umriß schon im Fernglas schwach erkennbar, nahezu zentrales Staubband erst im größeren Teleskop sichtbar, sternförmiger Kern
4697 klein und länglich, strukturloser Nebel im Teleskop

STERN			Helligkeit	Spektr.	Name, Bemerkung	Entf.	Rekt.	Dekl.
7	α	Crt	$4^m.1$	K0 III	Alkes	120Lj	$10^h59^m.8$	$-18^\circ.30$
11	β	Crt	4.5	A2 III	. . . .	200	11 11.7	−22.83
12	δ	Crt	3.6	G8 III	. . . .	90	11 19.3	−14.78
15	γ	Crt	4.1	A5 V	. . . .	100	11 24.9	−17.68
84	τ	Leo	4.9	dG8 III	. . . .	400	11 27.9	+ 2.85
N		Hya	5.0	dF8 V	. . . .	100	11 32.3	−29.26
	ξ	Hya	3.5	G7 III	. . . .	150	11 33.0	−31.86
3	ν	Vir	4.0	M1 III	. . . .	150	11 45.9	+ 6.53
5	β	Vir	3.6	F8 V	Zawijava	32	11 50.7	+ 1.76
	β	Hya	4.3	B9 III	. . . .	300	11 52.9	−33.91
1	α	Crv	4.0	F2 IV	Alchiba	70	12 08.4	−24.73
2	ε	Crv	3.0	K2 III	. . . .	100	12 10.1	−22.62
4	γ	Crv	2.6	B8 III	Gienah	200	12 15.8	−17.54
15	η	Vir	3.9	A2 IV	Zaniah	150	12 19.9	− 0.67
7	δ	Crv	3.0	B9 V	Algorab	120	12 29.9	−16.52
9	β	Crv	2.7	G5 II	. . . .	300	12 34.4	−23.40
26	χ	Vir	4.7	K2 III	. . . .	250	12 39.2	− 8.00
29	γ	Vir	2.8	dF0 V	Porrima	35	12 41.7	− 1.45
46	γ	Hya	3.0	G6 III	. . . .	100	13 18.9	−23.17
R		Hya	3.5–10.9	M7 III	. . . .	500	13 29.7	−23.28

DOPPELST.			Helligk.		Spektr.			Pos.	Dist.	ab
84	τ	Leo	$5^m.0$	$7^m.6$	G8	G4		180°	$88''$	f
N		Hya	5.6	5.8	F8	F8		210	9.2	t
29	γ	Vir	3.5	3.5	F0	F0	’90	287	3.0	t
							1995	280	2.5	t
							2000	267	1.8	t
Distanzminimum $0''.4$							2002	259	1.5	t
im Dezember 2007,							2004	246	1.2	T
Rotation 6° pro Monat							2006	221	0.8	T
							2008	126	0.4	-
							2010	44	0.9	T

VERÄNDERLICHER

R Hya	Mira–Typ
Per.	389 d
Max.	2447910
Min.	Phase 0.52
m.H.	$4^m.5$–$9^m.5$

Periode ist kürzer geworden, sie war etwa 500 Tage zu Beginn des 18. Jahrhunderts

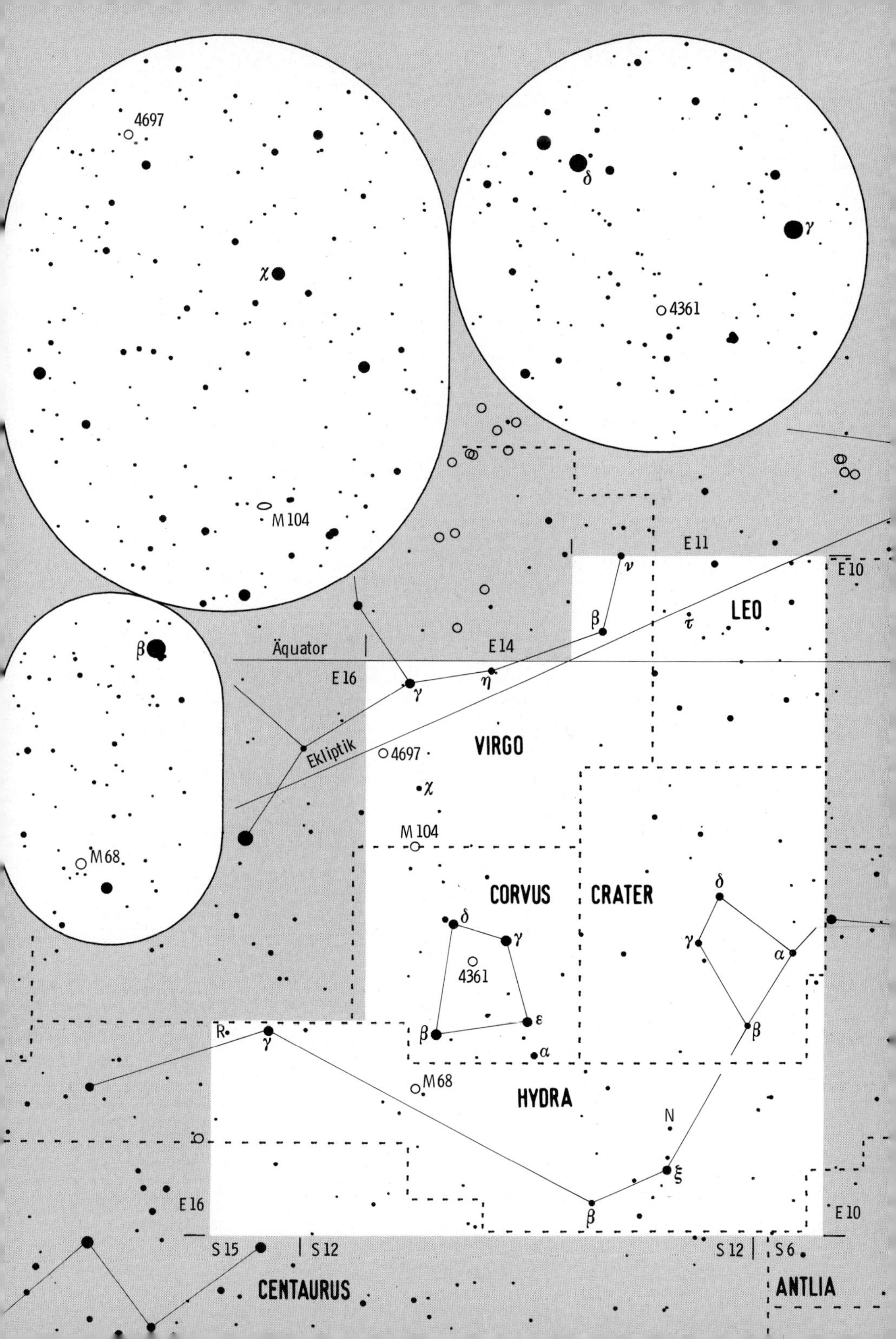

4697
χ
M 104
δ
γ
4361
β
M 68
Äquator
E 14
E 16
η
γ
ν
β
E 11
E 10
LEO
τ
VIRGO
Ekliptik
4697
χ
M 104
CORVUS
CRATER
δ
γ
4361
β
ε
α
δ
γ
α
β
R
γ
M 68
HYDRA
N
ξ
β
E 16
E 10
S 15
S 12
S 12
S 6
CENTAURUS
ANTLIA

E13 Ekliptik, Äquator, Frühlingsternbilder

NEBEL		Bild	Helligkeit		Größe	Form	Typ	ab	Entf.	Rekt.	Dekl.
Coma Haufen		Com	$2\frac{1}{2}^m$	$11^m_{(5')}$	300′	p	OffnS	a	250Lj	12^h25^m	+26.°0
4494		Com	10	9	3	E 2	Galx	F	40 M	12 31½	+25.8
4559		Com	10	10	8	Sc 6	Galx	F	40 M	12 36	+28.0
4565		Com	10	10	15	Sb 9	Galx	F	40 M	12 36	+26.0
4631		CVn	9½	9	12	Sd 9	Galx	f	30 M	12 42	+32.5
4656		CVn	10½	10	15	Sm 9	Galx	t	30 M	12 44	+32.2
4725		Com	9½	11	10	Sb 4	Galx	F	40 M	12 50	+25.5
4826	M64	Com	8½	8	6	Sb 5	Galx	O	30 M	12 57	+21.7
5024	M53	Com	8	9	8	V	KugS	O	60000	13 13	+18.2

Coma Haufen, auffällig mit freiem Auge bei dunklem Himmel, Einzelsterne mit freiem Auge sichtbar, schön im Opernglas, für das Fernglas schon beinahe zu groß, ganz unscheinbar im Teleskop

4494 ziemlich heller Kern vor einem völlig gleichmäßigen Nebel

4559 auffällig länglich, im Amateurteleskop kaum Strukturen erkennbar

4565 wunderbare Galaxie in Kantenlage, nahezu zentrales Staubband, wegen Lichtschwäche erst im größeren Teleskop interessant

4631 wie NGC 4565 in Kantenlage, kein Staubband, viele unregelmäßige Lichtknoten und Asymmetrien im größeren Teleskop sichtbar

4656 schwieriges Objekt, Kantenlage, schwach aufgehelltes Zentrum, weitere Aufhellung 3′ nordöstlich des Kerns ist NGC 4657

4725 kleine Vergrößerung und dunkler Himmel notwendig, kleiner Kern im größeren Teleskop sichtbar, aber nicht der Balken

4826 M64 **Galaxie mit dem schwarzen Auge**, längliche Absorption neben dem Kerngebiet im größeren Teleskop schwach erkennbar, Galaxienrand deutlich begrenzt und kaum diffus auslaufend

5024 M53 deutlicher Kern, Randgebiet teilweise aufgelöst im Teleskop

STERN			Helligkeit	Spektr.	Name, Bemerkung	Entf.	Rekt.	Dekl.
2		Com	$5.^m7$	dF0 IV	. . . .	250Lj	$12^h04.^m3$	+21.°46
15	γ	Com	4.4	K1 III	im Coma Haufen . .	250	12 26.9	+28.27
17		Com	5.0	dA0 V	im Coma Haufen . .	250	12 28.9	+25.91
24		Com	4.8	dG8 III	. . . .	250	12 35.1	+18.38
32		Com	5.8	dK0 III	. . . .	250	12 52.3	+17.09
35		Com	4.9	dG7 III	. . . .	250	12 53.3	+21.24
42	α	Com	4.3	F5 V	Diadem	60	13 10.0	+17.53
43	β	Com	4.3	G0 V	. . . .	27	13 11.9	+27.88

DOPPELST.		Helligk.		Spektr.		Pos.	Dist.	ab
2	Com	$5.^m9$	$7.^m4$	F0	A9	237°	3.″7	t
17	Com	5.3	6.6	A0	A1	251	145	O
24	Com	5.0	6.6	K2!	A9	271	20.3	t
32	Com	6.3	6.9	K7	F8	49	196	O
35	Com	5.1	7.2	G8	F5 '90	173	1.1	T
					2010	190	1.2	T

Bem.: Coma Haufen

1) Die mit freiem Auge sichtbare Sterngruppe.
2) Manchmal wird der Coma Galaxienhaufen in 250 M Lj Entfernung Coma Haufen genannt.

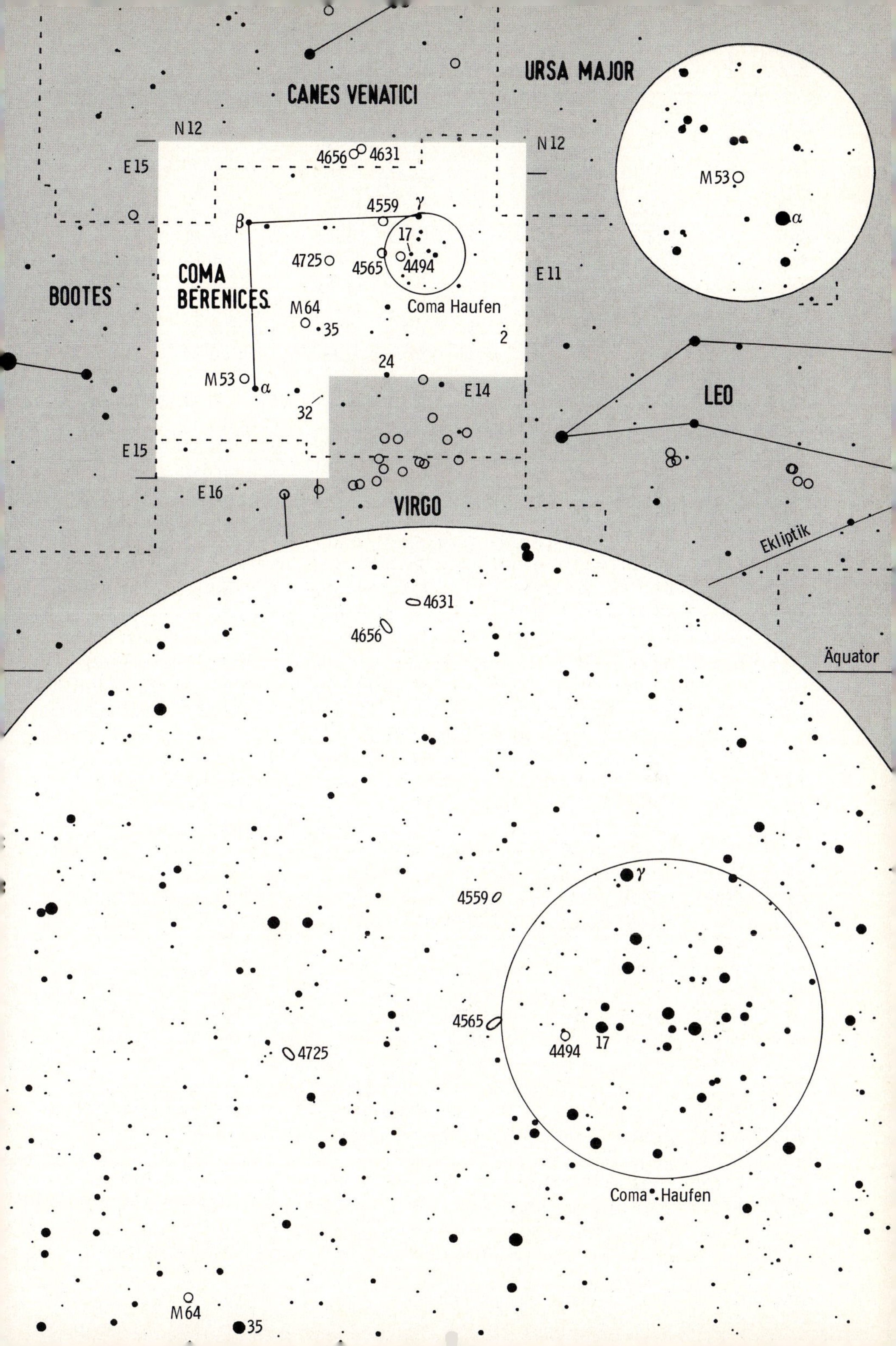

CANES VENATICI
URSA MAJOR
N12
E15
4656
4631
N12
M53
α
4559
γ
β
17
4725
4565
4494
COMA
BERENICES
BOOTES
E11
M64
35
Coma Haufen
2
24
M53
α
E14
32
LEO
E15
E16
VIRGO
Ekliptik
Äquator
4631
4656
4559
γ
4565
4725
4494
17
Coma Haufen
M64
35

NEBEL		Bild	Helligkeit		Größe	Form	Typ	ab	Entf.	Rekt.	Dekl.
4192	M98	Com	10^m	$10^m_{(5')}$	$8'$	Sb 7	Galx	F	50 MLj	12^h14^m	$+14\overset{\circ}{.}9$
4216		Vir	10	9	8	Sb 9	Galx	F	50 M	12 16	+13.1
4254	M99	Com	10	10	4	Sc 1	Galx	F	50 M	12 19	+14.4
4303	M61	Vir	10	10	5	Sb 1	Galx	F	50 M	12 22	+ 4.5
4321	M100	Com	9½	9	5	Sb 2	Galx	f	50 M	12 23	+15.8
4374	M84	Vir	9½	8	3	E 1	Galx	F	50 M	12 25	+12.9
4382	M85	Com	9½	9	4	L 3	Galx	F	50 M	12 25½	+18.2
4406	M86	Vir	9½	9	4	E 3	Galx	F	50 M	12 26	+12.9
	3C273	Vir	13	(4)	< 0.1	Stern	Quasar	T	2000 M	12 29.1	+2.05
4472	M49	Vir	8½	8	5	E 2	Galx	f	40 M	12 30	+ 8.0
4486	M87	Vir	9	8	4	E 1	Galx	f	50 M	12 31	+12.4
4501	M88	Com	9½	9	6	Sb 5	Galx	F	50 M	12 32	+14.4
4526		Vir	10	9	5	L 7	Galx	F	40 M	12 34	+ 7.7
4548	M91	Com	10½	10	4	Sb 2	Galx	t	50 M	12 35½	+14.5
4552	M89	Vir	10	9	2.5	E 0	Galx	F	50 M	12 35½	+12.5
4569	M90	Vir	10	10	8	Sb 7	Galx	F	50 M	12 37	+13.2
4579	M58	Vir	10	10	5	Sb 2	Galx	F	50 M	12 38	+11.8
4621	M59	Vir	10	9	3	E 4	Galx	F	50 M	12 42	+11.6
4649	M60	Vir	9	8	4	E 2	Galx	f	50 M	12 43½	+11.6
4762		Vir	10½	8	5	L 9	Galx	F	50 M	12 53	+11.2

Der **Virgo Haufen** ist der nächste größere Galaxienhaufen. Das Zentralgebiet ist in der Sternkarte gestrichelt. Der Großbereich des Virgo Haufens umfaßt etwa Galaxien der Karten N10–N14 und E10–E14. Im Zentrum wimmelt es von lichtschwachen Galaxien, so daß es nicht einfach ist, sich zurechtzufinden.

4192 M98 äußere Bereiche der Galaxie lichtschwach, kaum strukturiert
4216 auffallend schöne Kantenlage, aber lichtschwache Galaxie
4254 M99 helles Zentralgebiet, im größeren Teleskop können hellere Lichtknoten und Ansätze der Spiralarme erahnt werden
4303 M61 Spiralarme im größeren Teleskop, aber sehr schwierig erkennbar
4321 M100 Zentralgebiet länglich mit sternartigem Kern, strukturarm
4374 M84 strukturlos, in einem Gebiet mit vielen 12^m hellen Galaxien
4382 M85 strukturloses Oval mit hellerem Zentralgebiet ⌈10^m–11^m
4406 M86 stukturlos, **Makarians Galaxienkette** geht bis zu M88, Galaxien
3C273 hellster **Quasar**, wahrscheinlich ungewöhnlich heller Galaxienkern in enormer Entfernung, sehr lichtschwaches Sternpünktchen
4472 M49 hellste Galaxie des Virgo Haufens, große Elliptische Galaxie
4486 M87 **Virgo A**, Zentralgalaxie des Virgo Haufens, hellerer Kern
4501 M88 wenige Strukturen im Teleskop, **Makarians Galaxienkette** bis M86
4526 asymmetrisch, Kern nicht im Mittelpunkt, stark vergrößern
4548 M91 strukturlos, Identifikation von M91 als NGC 4548 nicht eindeutig
4552 M89 heller, beinahe sternförmiger Kern, kreisrund
4569 M90 helleres längliches Zentralgebiet, größte Galaxie des Virgo Haufens
4579 M58 Balken der Balkenspirale im größeren Teleskop erkennbar
4621 M59 schwächerer sternförmiger Kern, mittlere Vergrößerung günstig
4649 M60 heller sternförmiger Kern, 12^m Galaxie (NGC 4647) $4'$ nordwestlich
4762 lichtschwach, spindelförmig, Kern ebenfalls sehr länglich

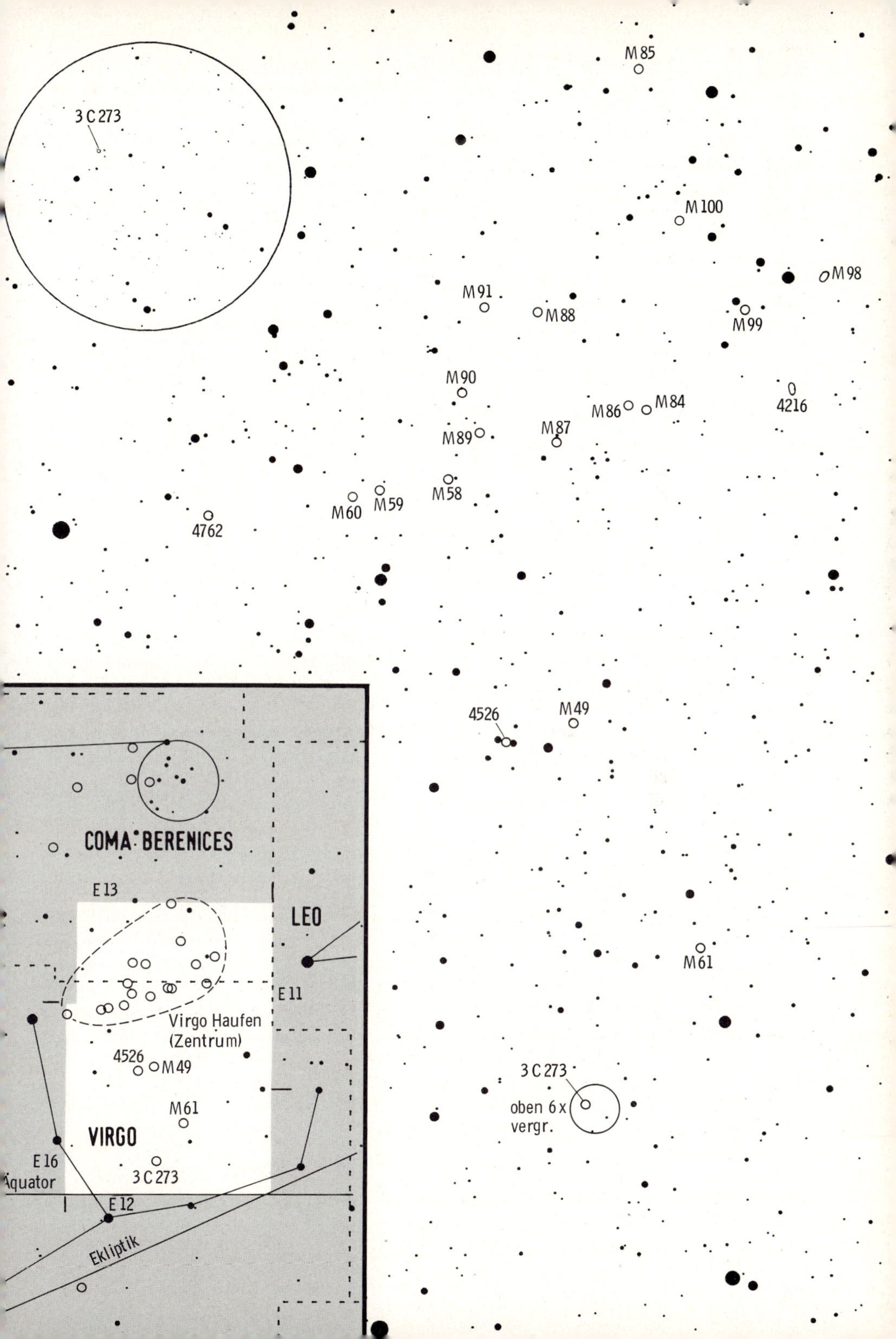

3 C 273
M 85
M 100
M 98
M 91
M 88
M 99
M 90
M 86
M 84
4216
M 89
M 87
M 58
M 60
M 59
4762
4526
M 49
M 61
3 C 273
oben 6 x
vergr.
COMA BERENICES
E 13
LEO
E 11
Virgo Haufen
(Zentrum)
4526
M 49
M 61
VIRGO
E 16
Äquator
3 C 273
E 12
Ekliptik

E15 Ekliptik, Äquator, Frühling–Sommersternbilder

NEBEL		Bild	Helligkeit	Größe	Form	Typ	ab	Entf.	Rekt.	Dekl.
5272	M3	CVn	$6\frac{1}{2}^m$ $8^m_{(5')}$	10′	VI	KugS	A	30 000Lj	13^h42^m	+28°.4
5746		Vir	11 9	6	Sb 9	Galx	t	60 M	14 45	+ 1.9
5904	M5	Ser	6 8	12	V	KugS	A	25 000	15 $18\frac{1}{2}$	+ 2.1

5272 M3 schön hell, aber erst im größeren Teleskop aufgelöst

5746 sehr lichtschwache Galaxie in nahezu Kantenlage

5904 M5 wunderbar, besonders im größeren Teleskop, leicht elliptisch, relativ leicht aufgelöst, verschiedene Sternverdichtungen

STERN			Helligkeit	Spektr.	Name, Bemerkung	Entf.	Rekt.	Dekl.
5	υ	Boo	$4^m.1$	K5 III	. . . .	250Lj	$13^h49^m.5$	+15°.80
8	η	Boo	2.7	G0 IV	Muphrid	30	13 54.7	+18.40
16	α	Boo	0.0	K2 III	**Arcturus**	35	14 15.7	+19.18
25	ϱ	Boo	3.6	K3 III	. . . .	200	14 31.8	+30.37
29	π	Boo	4.6	dA1 V	. . . .	200	14 40.7	+16.42
30	ζ	Boo	3.8	dA2 III	. . . .	300	14 41.1	+13.73
34		Boo	4.7–5.4	M3 III	W Bootis	400	14 43.4	+26.53
36	ε	Boo	2.4	dG9 III	Izar	150	14 45.0	+27.07
109		Vir	3.7	A0 V	. . . .	120	14 46.2	+ 1.89
37	ξ	Boo	4.6	dG8 V	. . . .	22	14 51.4	+19.10
2	η	CrB	5.0	dG2 V	. . . .	55	15 23.2	+30.29
3	β	CrB	3.7	A9 III	Nusakan	120	15 27.8	+29.11
4	ϑ	CrB	4.1	B6 V	. . . .	300	15 32.9	+31.36
5	α	CrB	2.3	A0 V	**Alphekka, Gemma** .	80	15 34.7	+26.71
8	γ	CrB	3.8	dA0 IV	. . . .	200	15 42.7	+26.30
R		CrB	5.7–14.8	G0 II	. . . .	4 000	15 48.6	+28.16
10	δ	CrB	4.6	G4 III	. . . .	150	15 49.6	+26.07
13	ε	CrB	4.2	K2 III	. . . .	250	15 57.6	+26.88

DOPPELST.			Helligk.	Spektr.		Pos.	Dist.	ab
29	π	Boo	$4^m.9$ $5^m.8$	B9 A6		111°	5″.5	t
30	ζ	Boo	4.5 4.6	A2 A2	'90	303	1.0	T
					2000	300	0.8	T
					2010	295	0.6	-
36	ε	Boo	2.5 4.9	K0!A2		340	2.8	t
37	ξ	Boo	4.7 7.0	G8 K4	'90	326	7.0	t
					2010	308	6.0	t
2	η	CrB	5.6 5.9	G1 G3	'90	27	1.0	T
					1995	43	0.9	T
					2000	65	0.7	-
					2005	110	0.5	-
					2010	169	0.6	-
8	γ	CrB	4.1 5.5	A0 A3	'90	118	0.6	-
					2000	114	0.8	T
					2010	110	0.6	-

VERÄNDERLICHER

34 W Boo halbregelm.
Per. 30–450 d

R CrB unregelm.
Haupstern einer Unterklasse von unregelmäßig veränderlichen Sternen: Riesensterne, meist nahe Maximalhelligkeit, schneller Helligkeitsabfall, monatelanger Helligkeitsanstieg

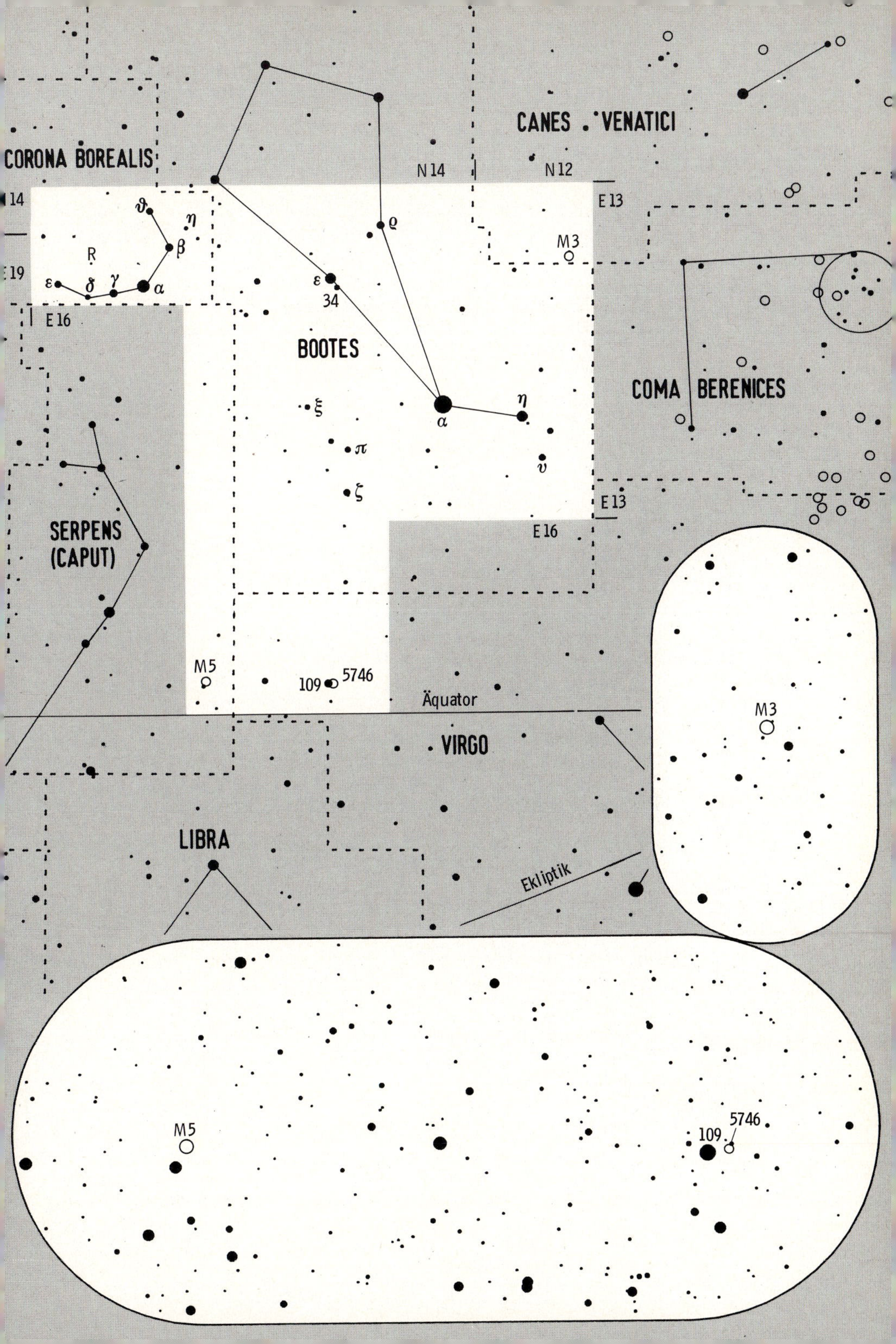

CORONA BOREALIS
CANES VENATICI
N14
N12
14
E13
19
E16
R
BOOTES
34
COMA BERENICES
SERPENS (CAPUT)
E13
E16
M3
M5
109
5746
Äquator
VIRGO
LIBRA
Ekliptik
M3
M5
109
5746

E16 Ekliptik, Äquator, Frühling–Sommersternbilder

NEBEL		Bild	Helligkeit		Größe	Form	Typ	ab	Entf.	Rekt.	Dekl.
5236	M83	Hya	8^{m}	$9^{m}_{(5')}$	$10'$	Sc 1	Galx	O	15 MLj	$13^{h}37^{m}$	$-29^{\circ}.9$

5236 M83 einfach sichtbar im Fernglas, wunderbar im größeren Teleskop, heller Kern, länglicher Balken, Ansätze von Spiralarmen

STERN			Helligkeit	Spektr.	Name, Bemerkung	Entf.	Rekt.	Dekl.
43	δ	Vir	$3^{m}.4$	M3 III	. . . .	150Lj	$12^{h}55^{m}.6$	$+\ 3^{\circ}.40$
47	ε	Vir	2.8	G9 III	Vindemiatrix . . .	100	13 02.2	+10.96
51	ϑ	Vir	4.4	A1 V	. . . .	150	13 09.9	− 5.54
67	α	Vir	1.0	B1 IV	**Spica**	300	13 25.2	−11.16
79	ζ	Vir	3.4	A3 V	. . . .	80	13 34.7	− 0.60
3		Cen	4.3	dB5 IV	. . . .	500	13 51.8	−32.99
93	τ	Vir	4.3	A3 V	. . . .	100	14 01.6	+ 1.54
49	π	Hya	3.3	K2 III	. . . .	100	14 06.4	−26.68
107	μ	Vir	3.9	F3 IV	. . . .	100	14 43.1	− 5.66
54		Hya	4.9	dF3 IV	. . . .	100	14 46.0	−25.44
7	μ	Lib	5.3	dA2 V	. . . .	250	14 49.3	−14.15
9,8	α	Lib	2.6	dA4 IV	Zubenelgenubi . . .	70	14 50.9	−16.04
19	δ	Lib	4.9–5.9	A0 V	. . . .	250	15 01.0	− 8.52
20	σ	Lib	3.3	M4 III	. . . .	120	15 04.1	−25.28
27	β	Lib	2.6	B8 V	Zubeneschemali . .	120	15 17.0	− 9.38
13	δ	Ser	3.8	dF0 IV	. . . .	120	15 34.8	+10.54
38	γ	Lib	3.9	G8 IV	. . . .	80	15 35.5	−14.79
39	υ	Lib	3.6	K4 III	. . . .	120	15 37.0	−28.13
40	τ	Lib	3.7	B3 V	. . . .	400	15 38.7	−29.78
24	α	Ser	2.7	K2 III	Unukalhai	80	15 44.3	+ 6.43
28	β	Ser	3.7	A2 IV	. . . .	120	15 46.2	+15.42
35	κ	Ser	4.1	M1 III	. . . .	250	15 48.7	+18.14
32	μ	Ser	3.5	A0 V	. . . .	150	15 49.6	− 3.43
R		Ser	5.2–14.4	M6 III	. . . .	800	15 50.7	+15.13
37	ε	Ser	3.7	A2 V	. . . .	100	15 50.8	+ 4.48
5	χ	Lup	4.0	B9 IV	. . . .	200	15 51.0	−33.63
41	γ	Ser	3.9	F6 V	. . . .	40	15 56.5	+15.66
	ξ	Lup	4.6	dA1 V	. . . .	250	15 56.9	−33.97
	ξ	Sco	4.1	dF6 IV	. . . .	80	16 04.4	−11.37

DOPPELST.			Helligk.		Spektr.			Pos.	Dist.	ab
3		Cen	$4^{m}.6$	$6^{m}.1$	B5	B8		107°	$7''.8$	t
54		Hya	5.1	7.0	F1	G2		122	8.3	t
7	μ	Lib	5.7	6.6	A1	A5		4	2.0	t
9,8	α	Lib	2.8	5.2	A3	F4		314	231	o
13	δ	Ser	4.2	5.2	F0	F0	'90	177	4.3	t
							2010	175	4.5	t
	ξ	Lup	5.2	5.6	A0	A2		49	10.4	t
	ξ	Sco	4.2	7.3	F5	G7		47	7.7	t

VERÄNDERLICHER	
19 δ Lib	Algol–Typ
Per.	2.32736 d
Min.	2447529.31
Max.	Ph.0.11–0.89
R Ser	Mira–Typ
Per.	356.4 d
Max.	2447660
Min.	Phase 0.59

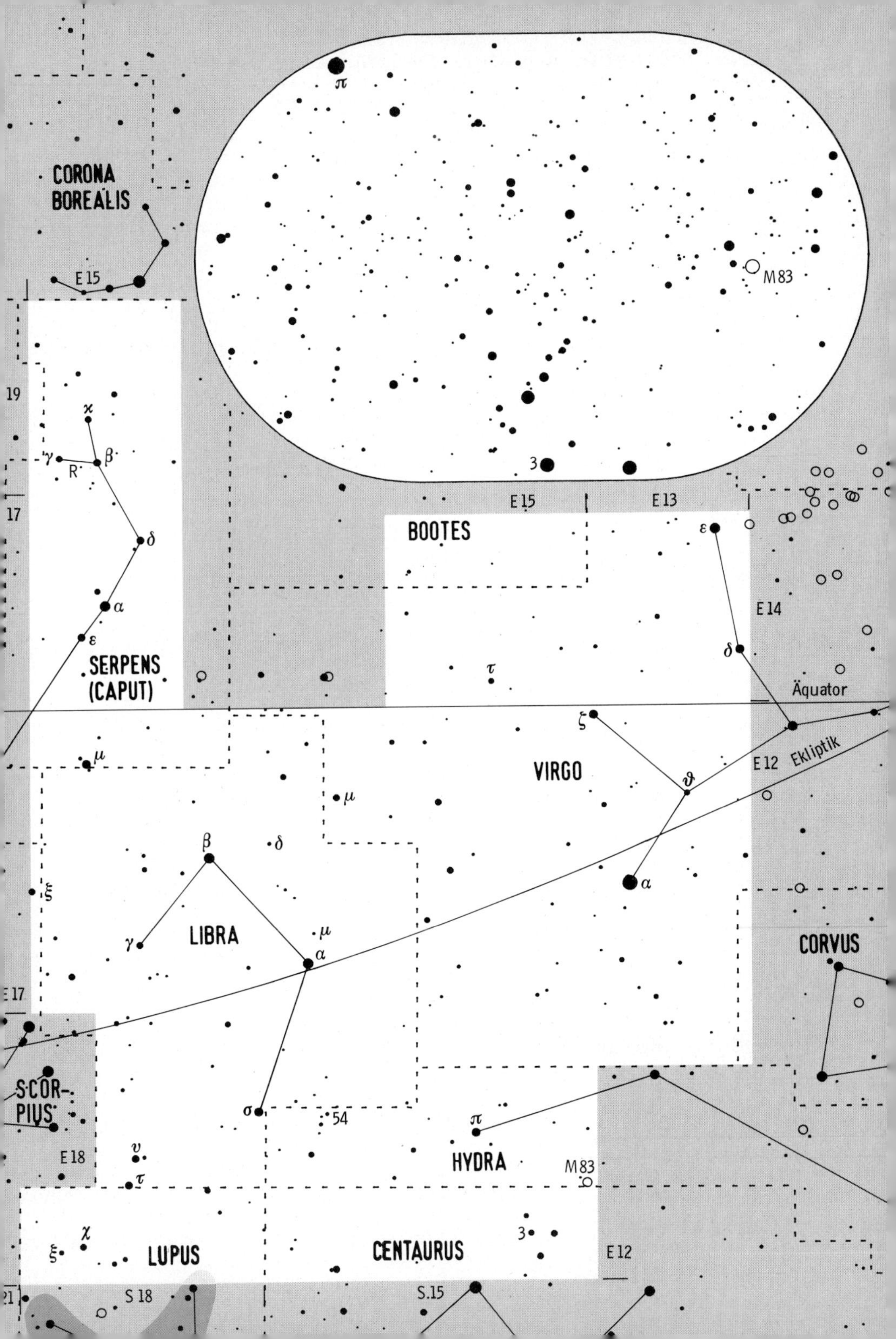

CORONA BOREALIS
E15
SERPENS (CAPUT)
BOOTES
E15
E13
M83
E14
Äquator
Ekliptik
E12
VIRGO
LIBRA
CORVUS
E17
SCORPIUS
E18
HYDRA
M83
LUPUS
CENTAURUS
E12
S 18
S.15
19
17
21

NEBEL		Bild	Helligkeit		Größe	Form	Typ	ab	Entf.	Rekt.	Dekl.
6171	M107	Oph	8^m	$9^m_{(5')}$	6′	X	KugS	O	20000Lj	$16^h32\frac{1}{2}^m$	−13.°1
6218	M12	Oph	6½	9	12	IX	KugS	o	20000	16 47	− 2.0
6254	M10	Oph	6½	9	12	VII	KugS	o	15000	16 57	− 4.1
6333	M9	Oph	8	9	6	VIII	KugS	O	25000	17 19	−18.5
6402	M14	Oph	7½	9	8	VIII	KugS	O	40000	17 37½	− 3.2
IC 4665		Oph	5	10	50	p	OffnS	A	1200	17 46	+ 5.7

6171	M107	selbst im größeren Teleskop kaum aufgelöst
6218	M12	schwach elliptisch im Fernglas, gut aufgelöst im Teleskop, sieht manchen Offenen Sternhaufen ähnlich
6254	M10	nur Randpartien im größeren Teleskop gut aufgelöst
6333	M9	kaum auflösbar, ähnlicher Kugelsternhaufen (NGC 6356) 1° nordöstlich
6402	M14	oval, erscheint im Amateurteleskop als Nebel
IC 4665		schön auffällig im Opernglas und Fernglas, nicht im Teleskop

STERN			Helligkeit	Spektr.	Name, Bemerkung	Entf.	Rekt.	Dekl.
1	δ	Oph	$2.^m7$	M1 III	Yed Prior	150Lj	$16^h14.^m3$	− 3.°69
2	ε	Oph	3.2	G9 III	Yed Posterior . . .	100	16 18.3	− 4.69
7	χ	Oph	4.2–5.0	B2 V	. . . .	600	16 27.0	−18.46
10	λ	Oph	3.8	d A2 V	Marfik	150	16 30.9	+ 1.98
13	ζ	Oph	2.6	O9 V	. . . .	600	16 37.2	−10.57
27	κ	Oph	3.2	K2 III	. . . .	120	16 57.7	+ 9.38
35	η	Oph	2.4	A2 V	Sabik	60	17 10.4	−15.72
55	α	Oph	2.1	A5 III	Rasalhague	60	17 34.9	+12.56
55	ξ	Ser	3.5	F0 IV	. . . .	80	17 37.6	−15.40
60	β	Oph	2.8	K2 III	Cebalrai	120	17 43.5	+ 4.57
61		Oph	5.6	d A0 V	. . . .	500	17 44.6	+ 2.58
62	γ	Oph	3.8	A0 V	. . . .	100	17 47.9	+ 2.71
Pfeilstern			9.5	M5 V	Barnards (Pfeil–) Stern	6.0	17 57.8	+ 4.69
64	ν	Oph	3.3	K0 III	. . . .	150	17 59.0	− 9.77
67		Oph	4.0	B5 Ib	. . . .	2500	18 00.6	+ 2.93
69	τ	Oph	4.8	d F3 V	. . . .	100	18 03.1	− 8.18
70		Oph	4.0	d K1 V	. . . .	17	18 05.5	+ 2.50
72		Oph	3.7	A4 V	. . . .	80	18 07.3	+ 9.56

DOPPELST.			Helligk.		Spektr.			Pos.	Dist.	ab
10	λ	Oph	$4.^m2$	$5.^m2$	A1	A4		30°	1.″5	t
61		Oph	6.2	6.6	A0	A0		93	20.6	F
69	τ	Oph	5.2	5.9	F3	F4	’90	280	1.8	t
							2010	288	1.6	t
70		Oph	4.2	6.0	K0	K4	’90	224	1.5	T
							1995	168	2.5	t
							2000	148	3.8	t
							2005	138	4.9	t
							2010	131	5.7	t

VERÄNDERLICHER

7 χ Oph unregelm.

Barnards Pfeilstern: Stern mit der größten Eigenbewegung von 10″ pro Jahr, nächster von Europa aus sichtbare Stern, α Cen = Toliman ist uns näher

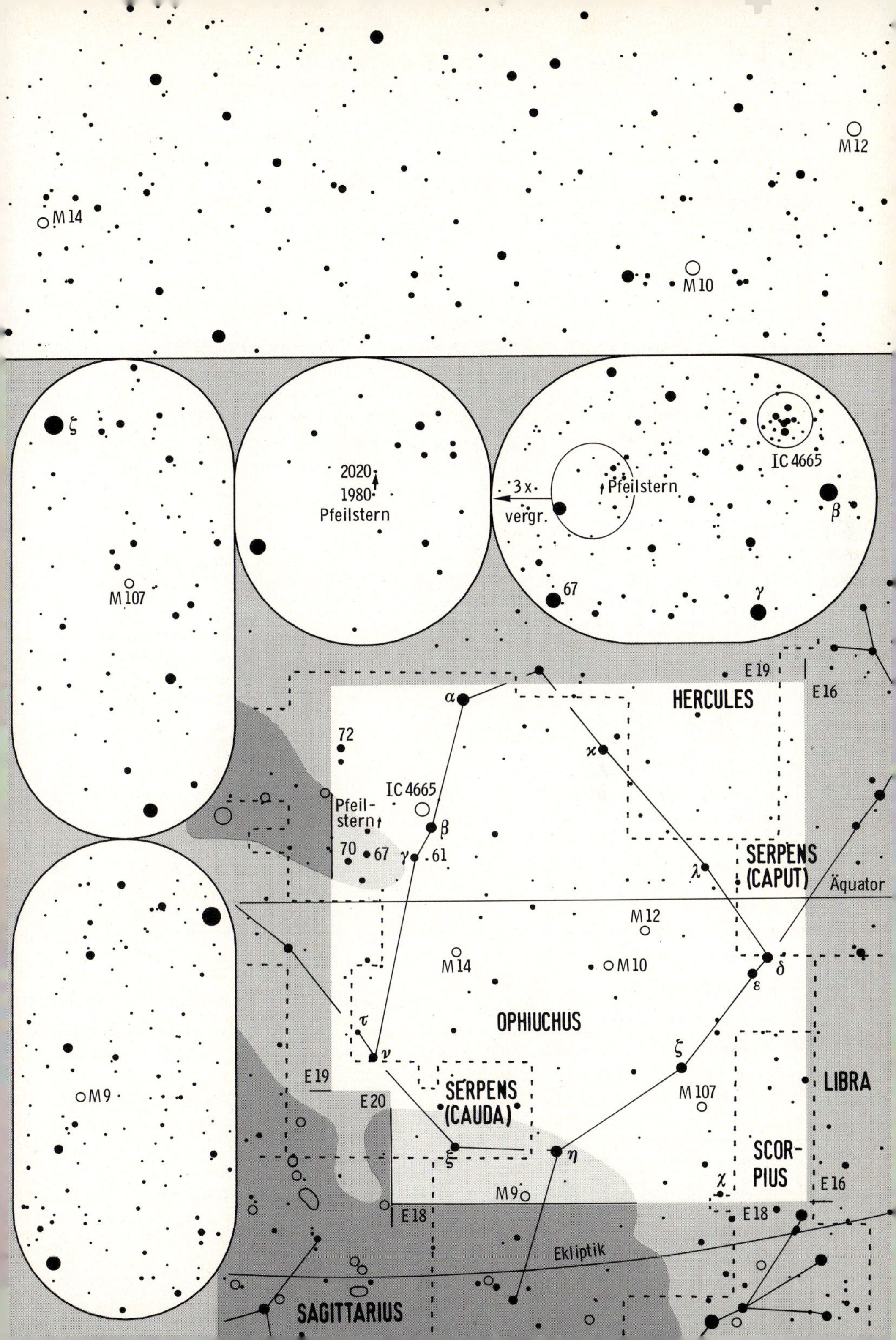
M 12
M 14
M 10
ζ
M 107
2020
1980
Pfeilstern
3 x
vergr.
Pfeilstern
IC 4665
β
67
γ
M 9
E 19
E 16
α
HERCULES
72
ϰ
IC 4665
Pfeil-
stern
β
70
67
γ
61
λ
SERPENS
(CAPUT)
Äquator
M 12
M 14
M 10
δ
ε
τ
OPHIUCHUS
ν
ζ
E 19
SERPENS
(CAUDA)
M 107
LIBRA
E 20
ξ
η
SCOR-
PIUS
χ
E 16
M 9
E 18
E 18
Ekliptik
SAGITTARIUS

NEBEL		Bild	Helligkeit		Größe	Form	Typ	ab	Entf.	Rekt.	Dekl.
6093	M80	Sco	$7\frac{1}{2}^m$	$7^m_{(5')}$	5′	II	KugS	o	30000Lj	16^h17^m	−23°.0
6121	M4	Sco	6	9	20	IX	KugS	o	8000	16 24	−26.5
6266	M62	Oph	$6\frac{1}{2}$	8	10	IV	KugS	o	20000	17 01	−30.1
6273	M19	Oph	7	8	8	VIII	KugS	o	30000	17 $02\frac{1}{2}$	−26.3
6369		Oph	11	6	0.5	R 0	Plntr	F	6000	17 $29\frac{1}{2}$	−23.8
6405	M6	Sco	$4\frac{1}{2}$	7	20	m	OffnS	a	2000	17 40	−32.2
6475	M7	Sco	$3\frac{1}{2}$	8	50	m	OffnS	a	1000	17 54	−34.8

6093	M80	sehr helles Zentrum, starke Vergrößerung anwendbar
6121	M4	leicht zu finden und zu sehen, wunderbar aufgelöst im Teleskop
6266	M62	sehr asymmetrisch, neblige Arme, interessanter Kugelsternhaufen
6273	M19	ziemlich oval, Randpartien in Einzelsterne auflösbar
6369		bei starker Vergrößerung scheibchenförmig, aber kaum ringförmig
6405	M6	**Schmetterlingshaufen**, wunderschön in jedem Instrument
6475	M7	einfach mit freiem Auge sichtbar, gut aufgelöst im Opernglas, nicht besser im Teleskop, südlichstes Messier–Objekt

STERN			Helligkeit	Spektr.	Name, Bemerkung	Entf.	Rekt.	Dekl.
5	ϱ	Sco	3.9	B2 V	. . . .	600Lj	$15^h56^m.9$	−29°.21
6	π	Sco	2.9	B1 V	. . . .	600	15 58.9	−26.11
7	δ	Sco	2.3	B0 IV	. . . .	800	16 00.3	−22.62
8	β	Sco	2.5	d B1 IV	Acrab	800	16 05.4	−19.80
9	ω^1	Sco	4.0	B1 V	. . . .	800	16 06.8	−20.67
14	ν	Sco	3.9	d B3 V	. . . .	600	16 12.0	−19.46
20	σ	Sco	2.9	B1 III	. . . .	600	16 21.2	−25.59
5	ϱ	Oph	4.4	d B2 IV	. . . .	1200	16 25.6	−23.44
21	α	Sco	0.9–1.8	d M0 Ib	**Antares**	500	16 29.4	−26.43
23	τ	Sco	2.8	B0 V	. . . .	800	16 35.9	−28.22
26	ε	Sco	2.3	K2 III	. . . .	70	16 50.2	−34.29
RR		Sco	5.0–12.4	M6 III	. . . .	1000	16 56.6	−30.58
36		Oph	4.3	d K0 V	. . . .	18	17 15.3	−26.60
39	ο	Oph	5.0	d G8 III	. . . .	300	17 18.0	−24.29
42	ϑ	Oph	3.3	B2 IV	. . . .	600	17 22.0	−25.00

DOPPELST.			Helligk.		Spektr.			Pos.	Dist.	ab
8	β	Sco	$2^m.6$	$4^m.9$	B1	B2		21°	13″.6	t
14	ν	Sco	4.0	6.7	B2	B9		337	41.1	F
				7.8		B9		55 B	2.7	t
5	ϱ	Oph	5.0	5.7	B2	B2		337	2.8	t
				6.7		B3		253	156	O
				7.2		B7		1	151	O
21	α	Sco	1–2	5.5	M1!	B3		273	2.6	T
36		Oph	5.1	5.1	K0	K1	’90	151	4.8	t
							2010	143	5.1	t
39	ο	Oph	5.2	6.8	K1	F6		355	10.3	t

VERÄNDERLICHER

21 α Sco halbregelm.
Per. 4–5 Jahre
m.H. $0^m.9$–$1^m.1$
Doppelstern mit Farbkontrast, schwierig sichtbar

RR Sco Mira–Typ
Per. 280 d
Max. 2447668
Min. Phase 0.53

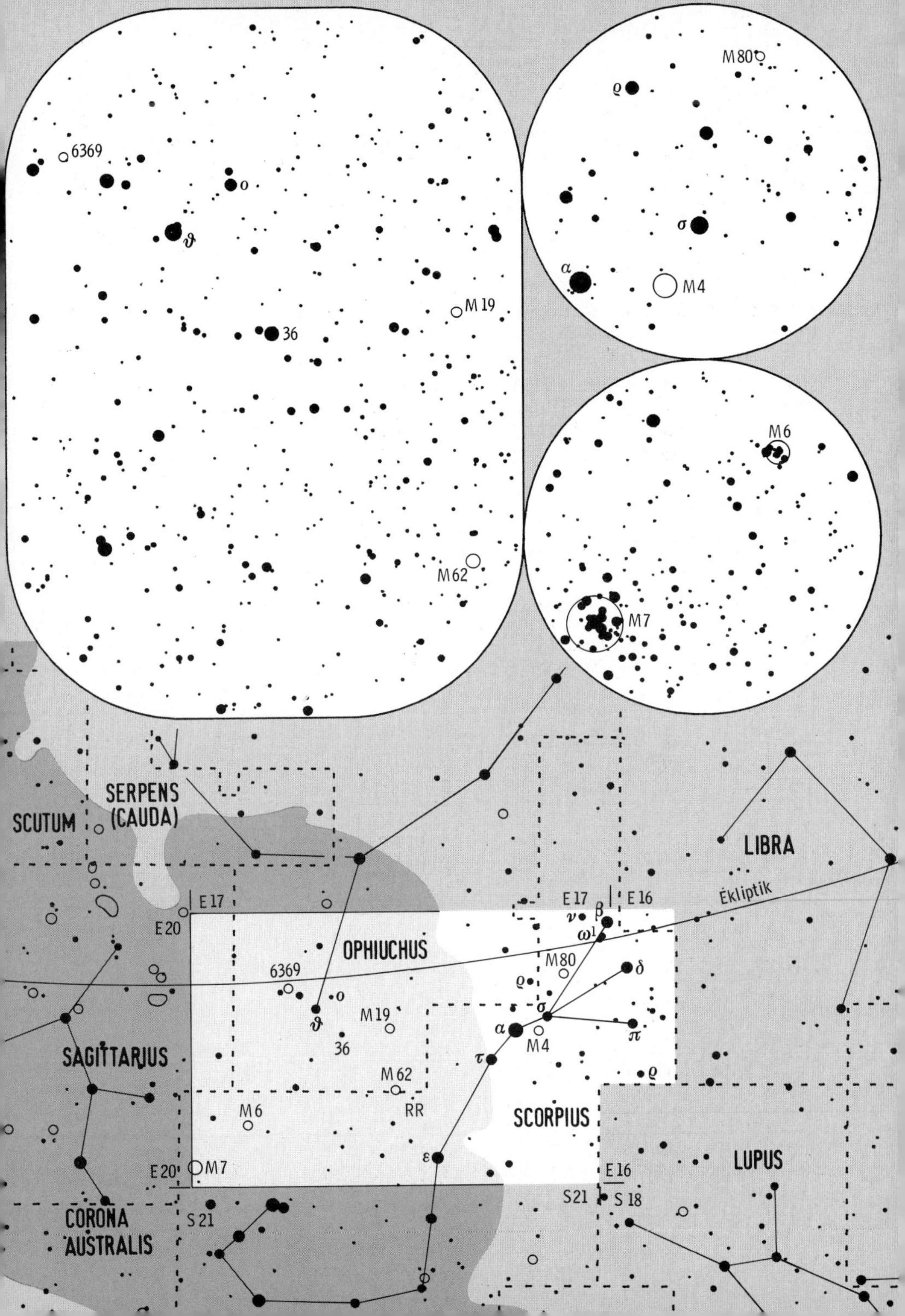

6369
o
ϑ
36
M 19
M 62
M 80
ϱ
σ
α
M 4
M 6
M 7
SCUTUM
SERPENS (CAUDA)
LIBRA
Ekliptik
E 17
E 16
E 20
OPHIUCHUS
ν
β
ω1
M 80
δ
π
τ
RR
SAGITTARIUS
SCORPIUS
LUPUS
ε
CORONA AUSTRALIS
S 21
S 18

NEBEL		Bild	Helligkeit		Größe	Form		Typ	ab	Entf.	Rekt.	Dekl.
6210		Her	10^m	$4^m_{(5')}$	0'.3	K	3	Plntr	f	3000Lj	$16^h44\frac{1}{2}^m$	+23°.8
6572		Oph	9	2	0.2	K	2	Plntr	O	2000	18 12	+ 6.8
6633		Oph	5	8	20	m		OffnS	a	1200	18 28	+ 6.6
IC 4756		Ser	5½	11	60	m		OffnS	o	1500	18 39	+ 5.4
6694	M26	Sct	8½	10	10	p		OffnS	f	6000	18 45	− 9.4
6705	M11	Sct	6	8	12	r		OffnS	o	6000	18 51	− 6.3
6712		Sct	8½	8	5	IX		KugS	f	20000	18 53	− 8.7

6210		schwacher Stern im Fernglas, grünliches Scheibchen im Teleskop
6572		sternförmig außer bei sehr starker Vergrößerung, grünlich
6633		sehr hell, beeindruckend unregelmäßig strukturiert, lohnenswert
IC 4756		wenige, unauffällig verstreute Sterne, für Opernglas oder Fernglas
6694	M26	schwächerer Sternhaufen, im kleineren Teleskop noch nebelförmig
6705	M11	heller Nebel im Fernglas, leicht dreiecksförmig, im größeren Teleskop wird die unheimliche Sternenzahl deutlich erkenntlich
6712		unauffällig, auflösbar höchstens im größeren Teleskop

STERN			Helligkeit	Spektr.		Name, Bemerkung	Entf.	Rekt.	Dekl.
7	κ	Her	4.7	d G9	III	. . . .	500Lj	$16^h08^m.1$	+17°.05
20	γ	Her	3.8	A9	III	. . . .	150	16 21.9	+19.15
27	β	Her	2.8	G8	III	Ruticulus	100	16 30.2	+21.49
64	α	Her	2.9–3.7	d M2	II	Rasalgethi	600	17 14.6	+14.39
65	δ	Her	3.1	A3	IV	. . . .	90	17 15.0	+24.84
86	μ	Her	3.4	G5	IV	. . . .	25	17 46.5	+27.72
92	ξ	Her	3.7	G9	III	. . . .	150	17 57.8	+29.25
95		Her	4.3	d F6	III	. . . .	300	18 01.5	+21.60
103	o	Her	3.8	B9	V	. . . .	150	18 07.5	+28.76
100		Her	5.1	d A3	V	. . . .	250	18 07.8	+26.10
58	η	Ser	3.3	K1	III	. . . .	60	18 21.3	− 2.90
109		Her	3.8	K2	III	. . . .	120	18 23.7	+21.77
59		Ser	4.8–5.7	d F9	III	d Serpentis	300	18 27.2	+ 0.20
	α	Sct	3.9	K3	III	. . . .	150	18 35.2	− 8.24
5		Aql	5.8	d A2	V	. . . .	300	18 46.5	− 0.96
	β	Sct	4.2	G5	II	. . . .	500	18 47.2	− 4.75
R		Sct	4.5–8.2	G7	Ib	. . . .	2500	18 47.5	− 5.70
63	ϑ	Ser	4.0	d A5	V	Alya	100	18 56.2	+ 4.20

DOPPELST.			Helligk.		Spektr.		Pos.	Dist.	ab
7	κ	Her	$5^m.0$	$6^m.3$	G8	K1	13°	27".5	F
64	α	Her	3–4	5.4	M5 !	G5	104	4.6	t
95		Her	5.0	5.2	A5 !	G8	257	6.3	t
100		Her	5.9	5.9	A3	A3	3	14.2	t
59		Ser	5–6	7.6	G0	F0	319	3.7	t
5		Aql	5.9	7.6	A2	F0	121	13.0	t
63	ϑ	Ser	4.6	5.0	A5	A5	104	22.4	F

VERÄNDERLICHER

64 α Her halbregelm.
Per. 50 d – 6 Jahre
Helligkeiten:
$3^m.0$–$4^m.0$, Begl. $5^m.4$

59 d Ser unregelm.

R Sct halbregelm.
Per. 140–146 d

LYRA
CORONA
BOREALIS
N18
N14
N14
E15
E21
o
ξ
μ
100
δ
6210
β
HERCULES
109
95
γ
E16
ϰ
α
E17
SERPENS
(CAPUT)
OPHIUCHUS
6633
6572
ϑ
IC 4756
AQUILA
Äquator
59
5
SERPENS
(CAUDA)
η
β
R
SCUTUM
M11
6712
α
E21
M26
E17
E20
SAGITTARIUS
6633
6572
IC 4756
β
R
M11
α
6712
M26
6210
β

NEBEL		Bild	Helligkeit		Größe	Form	Typ	ab	Entf.	Rekt.	Dekl.
6494	M23	Sgr	6^m	$9^m_{(5')}$	25′	m	OffnS	o	2 500Lj	17^h57^m	−19°0
6514	M20	Sgr	7	10	25	Em2	Gasn	O	5 000	18 03	−23.0
6523	M8	Sgr	5	10	60	Em4	Gasn	a	5 000	18 04	−24.4
6531	M21	Sgr	6½	8	10	m	OffnS	o	4 000	18 05	−22.5
	M24	Sgr	4	10	100	Milchstraßenw.		a	5 000	18 17	−18.5
6611	M16	Ser	6	9	25	Em2	Gasn	o	6 000	18 19	−13.8
6613	M18	Sgr	7½	9	10	p n	OffnS	O	5 000	18 20	−17.1
6618	M17	Sgr	6	10	40	Em2	Gasn	o	5 000	18 21	−16.2
6626	M28	Sgr	7	8	8	IV	KugS	o	20 000	18 24½	−24.9
6637	M69	Sgr	8	8	5	V	KugS	O	30 000	18 31½	−32.3
IC 4725	M25	Sgr	5½	9	30	m	OffnS	A	2 000	18 32	−19.2
6656	M22	Sgr	5	8	20	VII	KugS	a	10 000	18 36	−23.9
6681	M70	Sgr	8	8	5	V	KugS	O	40 000	18 43	−32.3
6715	M54	Sgr	8	8	6	III	KugS	O	60 000	18 55	−30.5

6494 M23 im Fernglas aufgelöst, eindrucksvoll bei schwacher Vergrößerung
6514 M20 **Trifidnebel**, Dreiteilung durch drei radiale dunkle Staubbänder im Teleskop mit Nebelfilter erkennbar, schwach vergrößern
6523 M8 **Lagunennebel**, mit freiem Auge sichtbar, phantastischer Gasnebel, besonders mit Nebelfilter, Sternhaufen östlich des Zentrums
6531 M21 aufgelöst im Fernglas, wenige Sterne, hell, aber unauffällig
M24 nach Messier eindeutig die Milchstraßenwolke und nicht NGC 6603
6611 M16 **Adlernebel**, ohne Nebelfilter ist dort der Sternhaufen auffälliger
6613 M18 sternarm, wenig auffällig, da vor sternenreichem Hintergrund
6618 M17 **Omeganebel, Schwannebel**, phantastisch strukturiert, mit hellen Armen und dunklen Staubwolken, Nebelfilter hilft
6626 M28 asymmetrische Form, helles Zentrum, kaum auflösbar
6637 M69 lichtschwach, teilweise aufgelöst im größeren Teleskop
IC 4725 M25 sehr schön aufgelöst im Fernglas, unregelmäßige Struktur
6656 M22 sehr hell, oval, eindrucksvoll aufgelöst im größeren Teleskop
6681 M70 lichtschwach, deutliches Zentrum, Randpartien gerade auflösbar
6715 M54 im Amateurteleskop kaum auflösbar, kann stark vergrößert werden

STERN			Helligkeit	Spektr.	Name, Bemerkung	Entf.	Rekt.	Dekl.
10	γ	Sgr	3.0	K0 III	Alnasl	120Lj	$18^h05^m.8$	−30°42
13	μ	Sgr	3.8	B8 Ia	. . . .	4 000	18 13.8	−21.06
19	δ	Sgr	2.7	K2 III	Kaus Media	80	18 21.0	−29.83
20	ε	Sgr	1.8	B9 III	Kaus Australis . . .	100	18 24.2	−34.38
22	λ	Sgr	2.8	K2 III	Kaus Borealis . . .	100	18 28.0	−25,42
27	φ	Sgr	3.2	B8 III	. . . .	250	18 45.7	−26.99
34	σ	Sgr	2.0	B3 V	Nunki	200	18 55.3	−26.30
37	ξ^2	Sgr	3.5	K1 III	. . . .	150	18 57.7	−21.11
38	ζ	Sgr	2.6	A2 III	. . . .	100	19 02.6	−29.88
39	o	Sgr	3.8	G8 III	. . . .	120	19 04.7	−21.74
40	τ	Sgr	3.3	K1 III	. . . .	120	19 06.9	−27.67
41	π	Sgr	2.9	F2 II	. . . .	300	19 09.8	−21.02

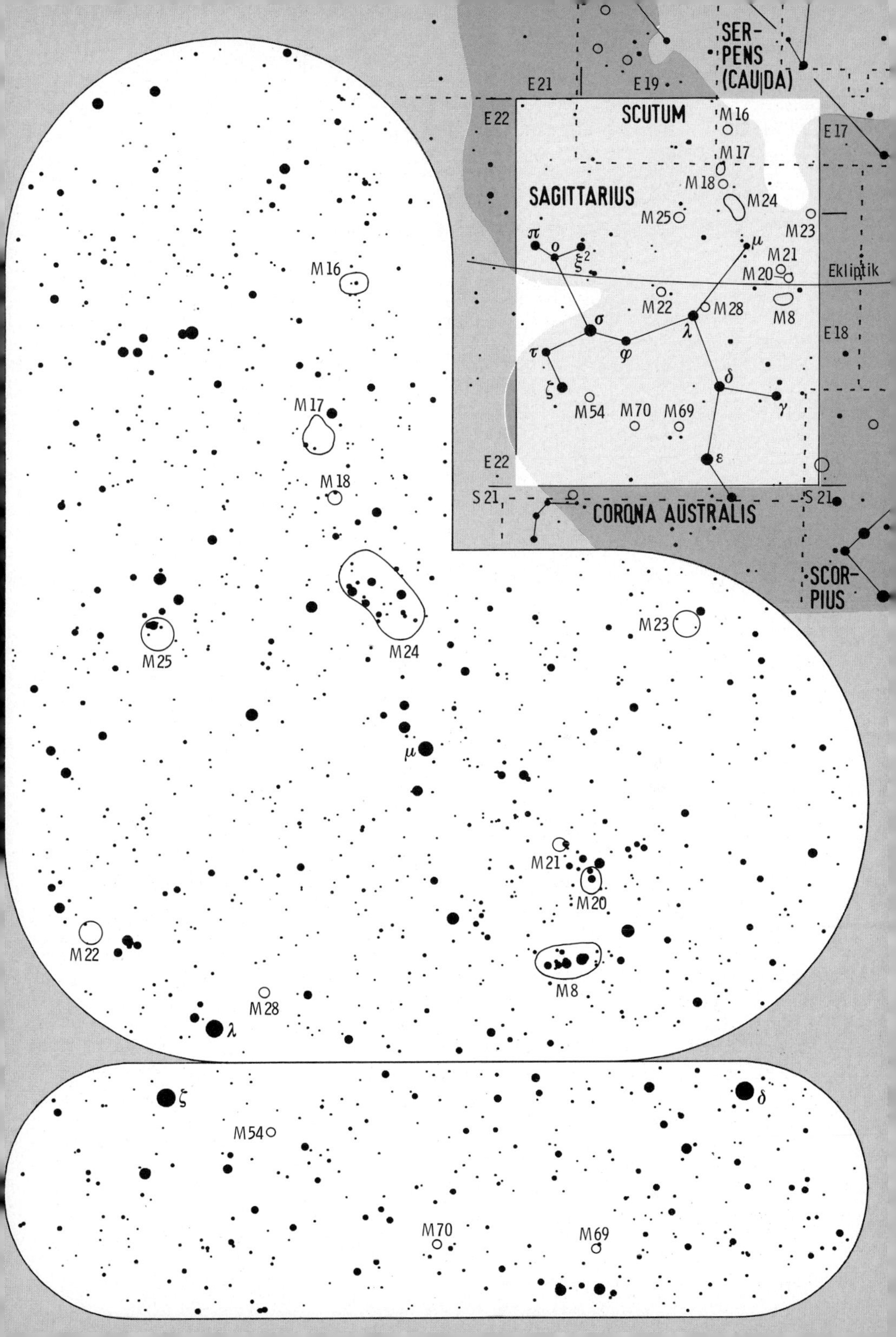

SER-
PENS
(CAUDA)
E21
E19
E22
SCUTUM
M16
E17
M17
M18
SAGITTARIUS
M24
M25
M23
π
o
ξ2
μ
M21
M20
Ekliptik
M22
M28
M8
σ
λ
E18
τ
φ
δ
ζ
M54
M70
M69
γ
E22
ε
S21
S21
CORONA AUSTRALIS
SCOR-
PIUS
M16
M17
M18
M24
M25
M23
μ
M21
M20
M22
M8
M28
λ
ζ
δ
M54
M70
M69

E21 Ekliptik, Äquator, Sommersternbilder

NEBEL		Bild	Helligkeit		Größe	Form	Typ	ab	Entf.	Rekt.	Dekl.
6838	M71	Sge	$8\frac{1}{2}^m$	$9^m_{(5')}$	6′	OffnS?KugS		f	15000Lj	19^h54^m	+18.°8
6853	M27	Vul	8	8	8	U 4	Plntr	O	1000	19 59½	+22.7

6838 M71 interessante Struktur, dreiecksförmig, im größeren Teleskop aufgelöst, Kugelsternhaufen oder reicher Offener Sternhaufen?

6853 M27 **Hantelnebel**, vielleicht der schönste Planetarische Nebel, Form gerade im Fernglas erkennbar, weitere Strukturen im Teleskop

STERN			Helligkeit	Spektr.	Name, Bemerkung	Entf.	Rekt.	Dekl.
13	ε	Aql	4.^{m}0	K2 III	. . . .	200Lj	$18^h59.^m6$	+15.°07
12		Aql	4.0	K1 III	. . . .	200	19 01.7	− 5.74
15		Aql	5.2	d K1 III	. . . .	500	19 05.0	− 4.03
17	ζ	Aql	3.0	B 9 V	. . . .	100	19 05.4	+13.86
16	λ	Aql	3.4	B 8 V	. . . .	100	19 06.2	− 4.88
R		Aql	5.6–12.0	M7 III	. . . .	800	19 06.4	+ 8.23
30	δ	Aql	3.4	F 1 IV	. . . .	50	19 25.5	+ 3.11
6	α	Vul	4.4	M0 III	. . . .	300	19 28.7	+24.66
5	α	Sge	4.4	G1 II	. . . .	600	19 40.1	+18.01
6	β	Sge	4.4	G8 III	. . . .	300	19 41.0	+17.48
50	γ	Aql	2.7	K3 II	Tarazed	300	19 46.3	+10.61
7	δ	Sge	3.8	M2 II	. . . .	600	19 47.4	+18.53
52	π	Aql	5.7	d A 9 III	. . . .	500	19 48.7	+11.82
53	α	Aql	0.8	A 7 V	**Atair, Altair**	16	19 50.8	+ 8.87
55	η	Aql	3.5–4.4	F 8 Ib	. . . .	1 500	19 52.5	+ 1.01
57		Aql	5.3	d B 7 V	. . . .	600	19 54.6	− 8.23
60	β	Aql	3.7	G8 IV	Alschain	40	19 55.3	+ 6.41
12	γ	Sge	3.5	K9 III	. . . .	200	19 58.8	+19.49
16		Vul	5.2	d F 3 II	. . . .	800	20 02.0	+24.94
15		Sge	5.4	d F 6 V	. . . .	60	20 04.1	+17.08
65	ϑ	Aql	3.2	B 9 III	. . . .	200	20 11.3	− 0.82
2	ε	Del	4.0	B 6 III	. . . .	500	20 33.2	+11.30
6	β	Del	3.6	F 5 IV	. . . .	80	20 37.5	+14.60
9	α	Del	3.8	B 9 IV	. . . .	200	20 39.6	+15.91
11	δ	Del	4.4	A 7 III	. . . .	200	20 43.5	+15.07
12	γ	Del	3.9	d G6 IV	. . . .	80	20 46.7	+16.12

DOPPELST.			Helligk.		Spektr.		Pos.	Dist.	ab
15		Aql	5.^{m}4	7.^{m}1	K1	K2 '90	210°	39.″0	F
						2010	210	39.5	F
52	π	Aql	6.2	6.9	F 2	A 2	106	1.4	T
57		Aql	5.7	6.5	B 7	B 8	170	35.7	F
16		Vul	5.8	6.2	F 3	F	125	0.8	T
15		Sge	5.8	6.8	G1	A 2	333	213	O
12	γ	Del	4.3	5.2	K0	F 7 '90	268	9.4	t
						2010	267	9.0	t

VERÄNDERLICHER	
R Aql	Mira–Typ
Per.	≈ 285 d
Max.	≈ 2447720
Min.	Phase 0.58
55 η Aql	Cepheid
Per.	7.17664 d
Max.	2447531.4
Min.	Phase 0.68

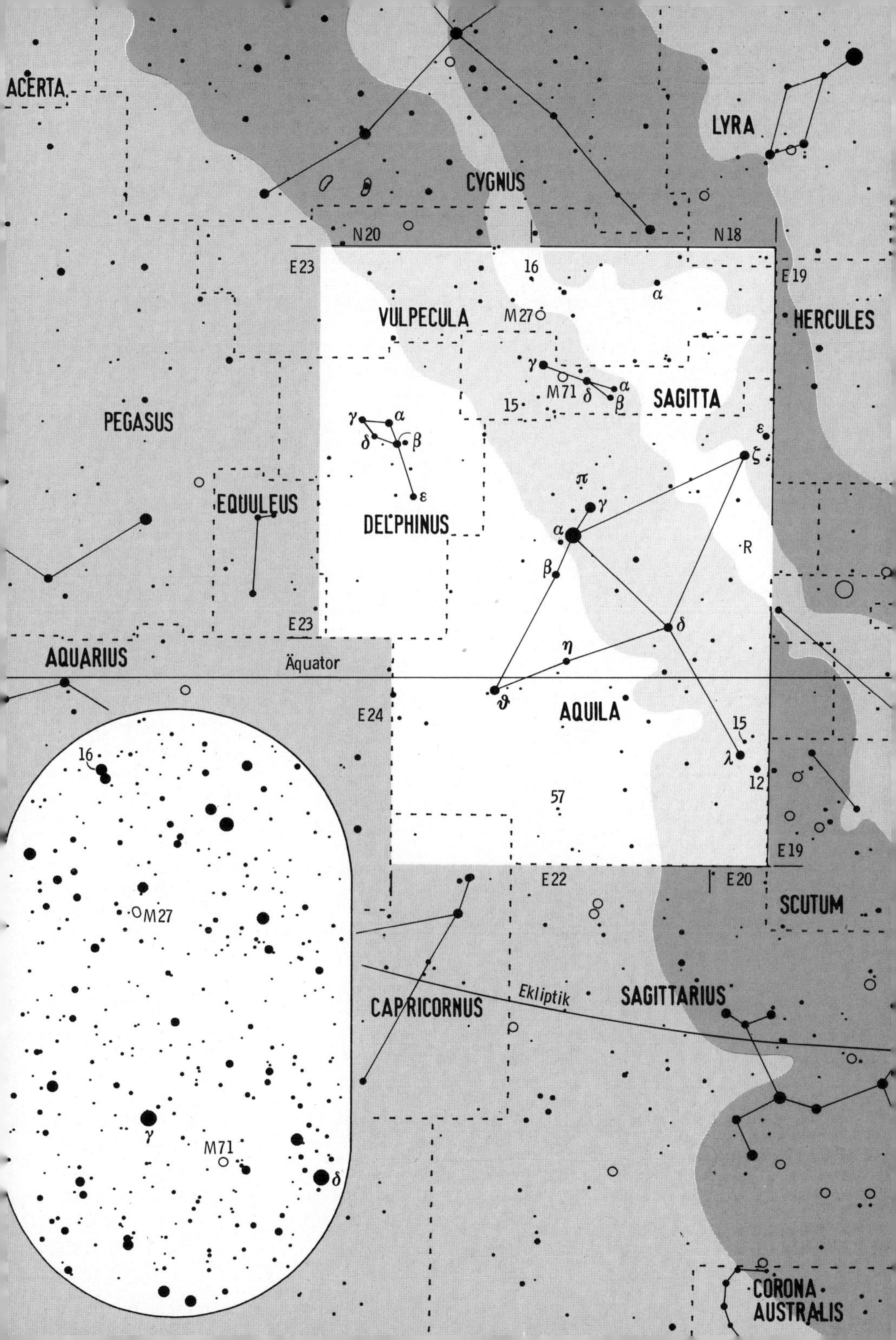

ACERTA
CYGNUS
LYRA
N20
N18
E23
E19
16
VULPECULA
M27
HERCULES
γ
M71
δ
α
β
15
SAGITTA
PEGASUS
γ
α
δ
β
ε
ε
ζ
π
γ
EQUULEUS
DELPHINUS
α
β
R
E23
δ
η
AQUARIUS
Äquator
ϑ
AQUILA
E24
15
λ
12
57
E19
E22
E20
SCUTUM
Ekliptik
SAGITTARIUS
CAPRICORNUS
16
M27
γ
M71
δ
CORONA
AUSTRALIS

NEBEL		Bild	Helligkeit	Größe	Form	Typ	ab	Entf.	Rekt.	Dekl.
6809	M55	Sgr	7^m	$10^m_{(5')}$	15′	XI	KugS	o	20000Lj	19^h40^m	−31.°0
6818		Sgr	10	4	0.4	R 3	Plntr	f	5000	19 44	−14.2
6822		Sgr	9	10	10	Ir 3	Galx	F	1.5 M	19 45	−14.8
6864	M75	Sgr	8½	8	4	I	KugS	f	60000	20 06	−21.9
7099	M30	Cap	7½	9	8	V	KugS	O	30000	21 40½	−23.2

6809 M55 ziemlich großer Nebel im Fernglas, im größeren Teleskop bis zum Zentrum hin aufgelöst, auffinden schwierig

6818 im Fernglas sternförmig, erst bei starker Vergrößerung als ovales Scheibchen sichtbar, grünliche Färbung im größeren Teleskop

6822 **Barnards Galaxie**, näher als der Andromedanebel, sehr schwierig, dunkelster Himmel und kleinste Vergrößerung notwendig, ohne zentrale Aufhellung, strukturlos im Amateurteleskop

6864 M75 weit entfernter Kugelsternhaufen, deshalb lichtschwach, klein, nicht in Sterne auflösbar, außergewöhnlich helles Zentrum

7099 M30 deutliches Zentrum, längliche Hülle, im größeren Teleskop können die äußeren Randgebiete in Sterne aufgelöst werden

STERN			Helligkeit	Spektr.	Name, Bemerkung	Entf.	Rekt.	Dekl.
44	ϱ^1	Sgr	3.^{m}9	F0 IV	. . . .	90Lj	$19^h21.^m7$	−17.°85
5	α^1	Cap	4.2	G3 Ib	Algiedi } Dist. 6.′4 . .	1500	20 17.6	−12.51
6	α^2	Cap	3.6	G9 III	Algiedi }	120	20 18.1	−12.55
9	β	Cap	3.0	dF7 III	. . . .	100	20 21.0	−14.78
11	ϱ	Cap	4.6	dF5 IV	. . . .	100	20 28.9	−17.82
12	o	Cap	5.5	dA4 V	. . . .	250	20 29.9	−18.58
16	ψ	Cap	4.1	F4 V	. . . .	35	20 46.1	−25.27
18	ω	Cap	4.1	K5 III	. . . .	300	20 51.8	−26.92
23	ϑ	Cap	4.1	A1 V	. . . .	150	21 05.9	−17.23
32	ι	Cap	4.3	G8 III	. . . .	200	21 22.2	−16.83
34	ζ	Cap	3.7	G4 Ib	. . . .	1500	21 26.7	−22.41
40	γ	Cap	3.7	F0 IV	. . . .	100	21 40.1	−16.66
49	δ	Cap	2.8–3.1	A9 V	Deneb Algedi . . .	40	21 47.0	−16.13
12	η	PsA	5.4	dB8 V	. . . .	500	22 00.8	−28.45
17	β	PsA	4.3	dA1 V	. . . .	150	22 31.5	−32.35
18	ε	PsA	4.2	B8 V	. . . .	250	22 40.7	−27.04
22	γ	PsA	4.4	A0 IV	. . . .	200	22 52.5	−32.88
23	δ	PsA	4.2	G7 III	. . . .	150	22 55.9	−32.54
24	α	PsA	1.2	A3 V	**Fomalhaut**	22	22 57.6	−29.62

DOPPELST.			Helligk.		Spektr.	Pos.	Dist.	ab
9	β	Cap	3.^{m}1	6.^{m}1	F8 A0	267°	205″	O
11	ϱ	Cap	4.8	6.6	F2 K1	150	257	o
12	o	Cap	5.9	6.7	A3 A6	239	21.9	F
12	η	PsA	5.8	6.8	B7 A2	115	1.8	t
17	β	PsA	4.3	7.8	A0!G2	172	30.3	t

VERÄNDERLICHER

49 δ Cap Algol–Typ
Per. 1.02277 d
Min. 2447528.19
Max. Ph. 0.04–0.96
L.-kurve variabel

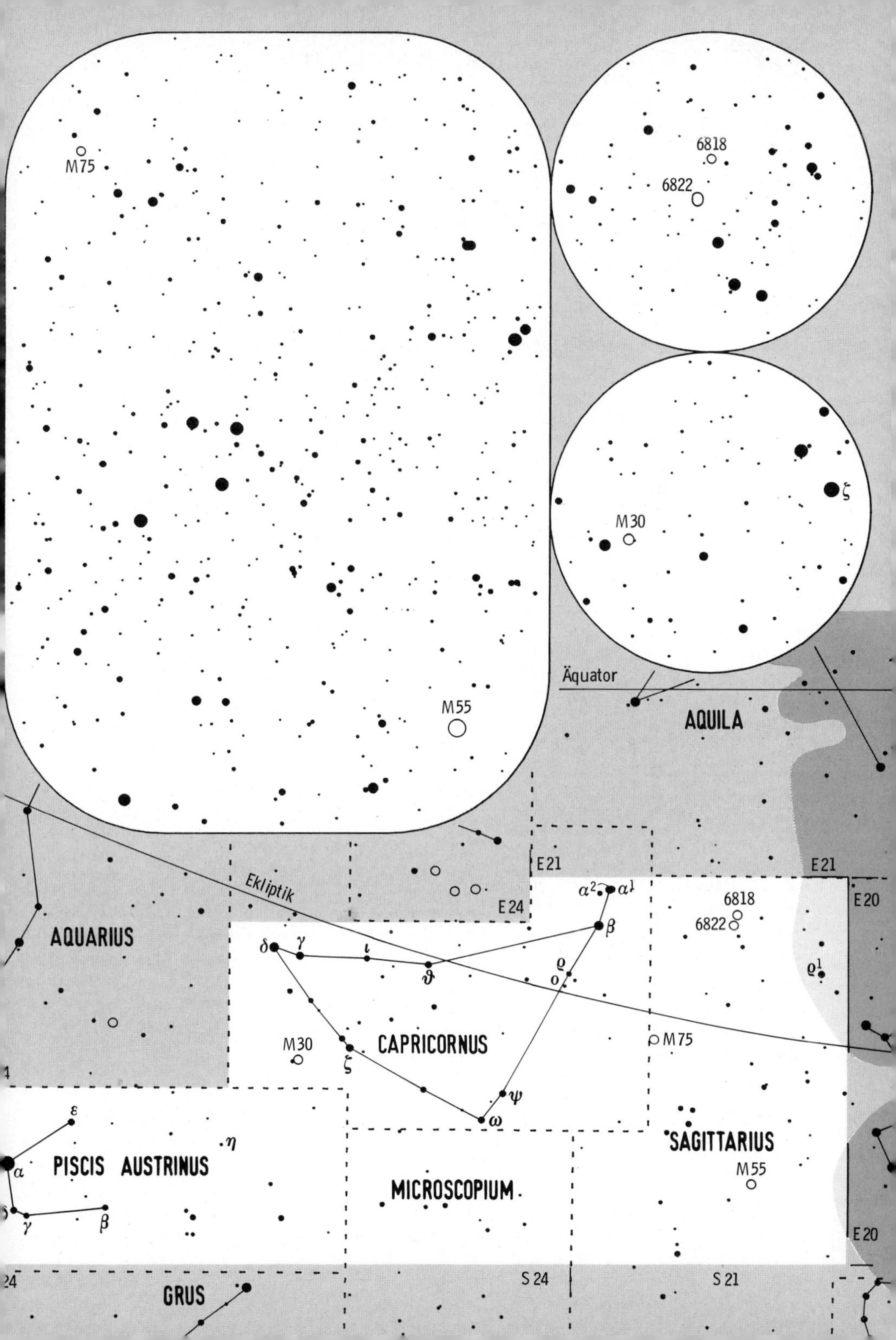

M75
M55
6818
6822
M30
ζ
Äquator
AQUILA
Ekliptik
E21
E24
E21
E20
AQUARIUS
CAPRICORNUS
SAGITTARIUS
PISCIS AUSTRINUS
MICROSCOPIUM
GRUS
S24
S21
E20

NEBEL		Bild	Helligkeit		Größe	Form	Typ	ab	Entf.	Rekt.	Dekl.
7078	M15	Peg	$6\frac{1}{2}^m$	$8^m_{(5')}$	10′	IV	KugS	o	30000Lj	21^h30^m	+12°.2
7331		Peg	$9\frac{1}{2}$	10	10	Sb 7	Galx	F	40 M	22 37	+34.4

7078 M15 relativ einfach zu finden und zu sehen, leicht oval, im größeren Teleskop auflösbar mit Ausnahme des hellen Zentrums

7331 spindelförmig, schön längliches Zentralgebiet im Teleskop

STERN			Helligkeit	Spektr.	Name, Bemerkung	Entf.	Rekt.	Dekl.
1	ε	Equ	5.ᵐ1	d F 6 IV	. . . .	150Lj	$20^h59^m.1$	+ 4°.29
5	γ	Equ	4.7	F 0 IV	. . . .	120	21 10.3	+10.13
7	δ	Equ	4.5	F 7 V	. . . .	55	21 14.5	+10.01
8	α	Equ	3.9	G0 III	Kitalphar	150	21 15.8	+ 5.25
1		Peg	4.1	K1 III	. . . .	200	21 22.1	+19.80
8	ε	Peg	2.4	K2 Ib	Enif	500	21 44.2	+ 9.88
10	κ	Peg	4.1	F 5 IV	. . . .	90	21 44.6	+25.65
24	ι	Peg	3.8	F 5 V	. . . .	40	22 07.0	+25.35
29	π	Peg	4.3	F 5 II	auch π^2 Pegasi genannt	300	22 10.0	+33.18
26	ϑ	Peg	3.5	A 2 V	Baham	80	22 10.2	+ 6.20
37		Peg	5.5	d F 4 IV	. . . .	150	22 30.0	+ 4.43
42	ζ	Peg	3.4	B 8 V	Homam	150	22 41.5	+10.83
44	η	Peg	2.9	G2 II	Matar	200	22 43.0	+30.22
47	λ	Peg	4.0	G8 III	. . . .	100	22 46.5	+23.57
46	ξ	Peg	4.2	F 7 IV	. . . .	60	22 46.7	+12.17
48	μ	Peg	3.5	G9 III	Sadalbari	120	22 50.0	+24.60
53	β	Peg	2.3–2.7	M2 II	**Scheat**	200	23 03.8	+28.08
4	β	Psc	4.5	B 6 V	. . . .	300	23 03.9	+ 3.82
54	α	Peg	2.5	B 9 V	**Markab**	100	23 04.8	+15.21
6	γ	Psc	3.7	G9 III	. . . .	120	23 17.2	+ 3.28
10	ϑ	Psc	4.3	K1 III	. . . .	250	23 28.0	+ 6.38
72		Peg	5.0	d K4 III	. . . .	600	23 34.0	+31.33
17	ι	Psc	4.1	F 7 V	. . . .	45	23 39.9	+ 5.63
18	λ	Psc	4.5	A 7 V	. . . .	90	23 42.0	+ 1.78
19		Psc	4.8–5.2	C 5 II	TX Piscium	2000	23 46.4	+ 3.49
28	ω	Psc	4.0	F 4 IV	. . . .	120	23 59.3	+ 6.86

DOPPELST.			Helligk.		Spektr.			Pos.	Dist.	ab
1	ε	Equ	5.ᵐ8	6.ᵐ1	F 5	F 7	’90	285°	1.″0	T
							2000	284	0.8	T
							2010	283	0.5	-
				7.1		G0		68	10.7	t
37		Peg	5.8	7.1	F 4	F 5	’90	118	0.9	T
							2000	118	0.7	-
							2010	119	0.5	-
72		Peg	5.7	5.8	K4	K5	’90	89	0.5	-
							2010	105	0.5	-

VERÄNDERLICHER

53 β Peg unregelm.
19 TX Psc unregelm. sehr rötlicher Riesenstern, einer der größten Sterne überhaupt, Durchmesser ca. 1 000 000 000 km oder 700 Sonnen

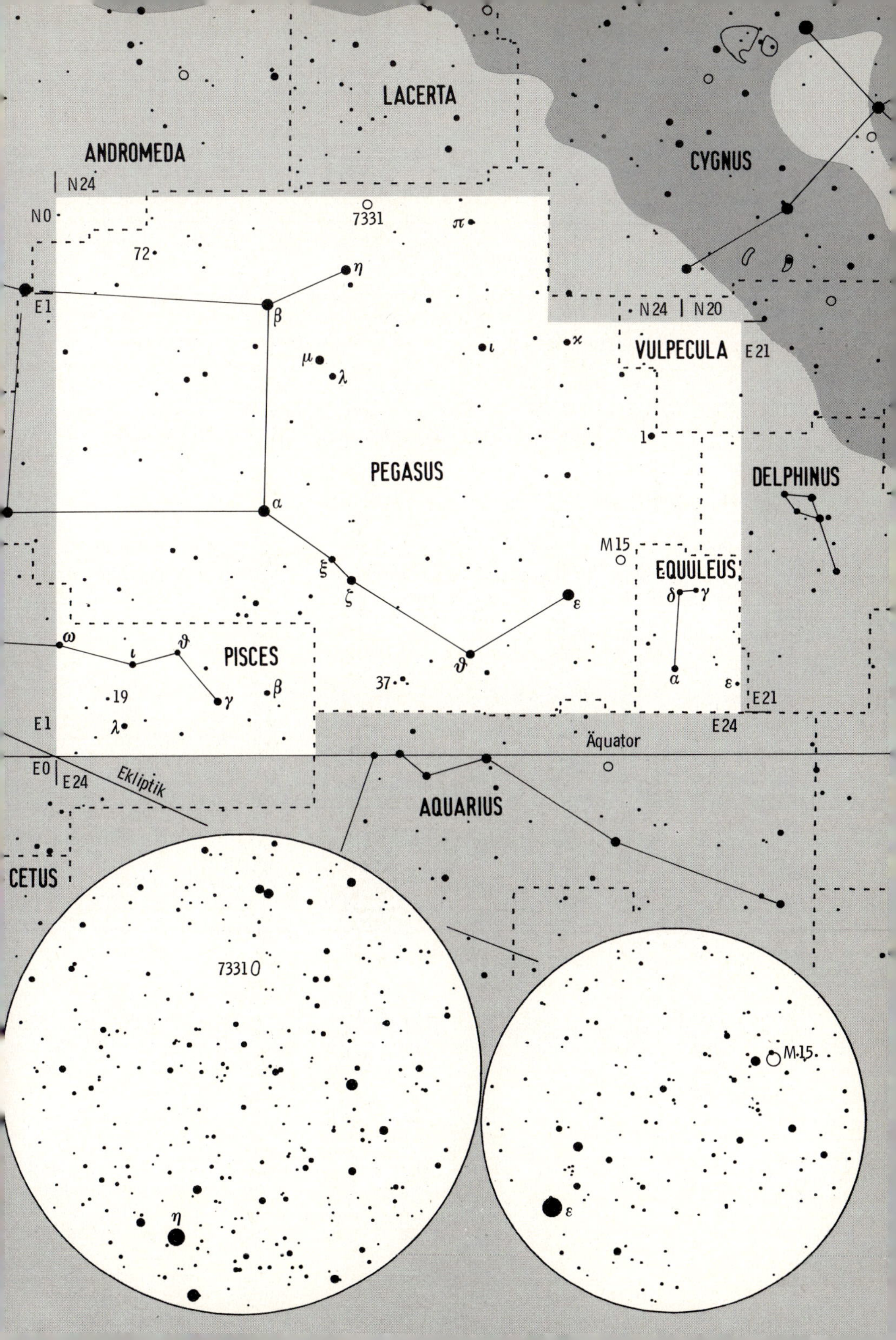

ANDROMEDA
LACERTA
CYGNUS
N24
N0
7331
π
72
η
E1
β
N24
N20
VULPECULA
E21
μ
λ
ι
κ
1
PEGASUS
DELPHINUS
α
M15
EQUULEUS
ξ
ζ
δ
γ
ε
ω
ι
ϑ
PISCES
ϑ
37
19
β
γ
α
ε
E21
E1
λ
E24
Äquator
E0
E24
Ekliptik
AQUARIUS
CETUS
7331
η
M15
ε

NEBEL		Bild	Helligkeit		Größe	Form	Typ	ab	Entf.	Rekt.	Dekl.
6981	M72	Aqr	9½ᵐ	$9^m_{(5')}$	4′	IX	KugS	f	60 000Lj	20ʰ53½ᵐ	−12°.5
6994	M73	Aqr	8½	7	2.5	p	OffnS	O	2 000	20 59	−12.6
7009		Aqr	9	4	0.6	U 3	Plntr	O	2 500	21 04	−11.4
7089	M2	Aqr	6½	8	10	II	KugS	o	40 000	21 33½	− 0.8
7293		Aqr	7	9	15	R 2	Plntr	o	500	22 30	−20.8

6981 M72 schwächster Kugelsternhaufen dieses Katalogs, nicht auflösbar
6994 M73 genau nach Messiers Beschreibung eine Gruppe von 3–4 Sternen
7009 **Saturnnebel**, schöne Strukturen im größeren Teleskop bei starker Vergrößerung, elliptisch, grünlich, schwacher Zentralstern 11½ᵐ
7089 M2 heller großer Nebel im Fernglas, sehr schwierig in Sterne auflösbar
7293 **Helixnebel, Sonnenblumennebel**, hellster Planetarischer Nebel, schwierig erkennbar, interessant strukturiert mit Nebelfilter

STERN			Helligkeit	Spektr.	Name, Bemerkung	Entf.	Rekt.	Dekl.
2	ε	Aqr	3ᵐ.8	A 1 V	. . . .	120Lj	20ʰ47ᵐ.7	− 9°.50
12		Aqr	5.5	d G9 III	. . . .	500	21 04.1	− 5.82
13	ν	Aqr	4.5	G8 III	. . . .	250	21 09.6	−11.37
22	β	Aqr	2.9	G0 Ib	Sadalsuud	1 000	21 31.6	− 5.57
34	α	Aqr	3.0	G2 Ib	Sadalmelik	1 000	22 05.8	− 0.32
41		Aqr	5.3	d G7 III	. . . .	400	22 14.3	−21.07
48	γ	Aqr	3.8	A 0 V	Sadachbia	100	22 21.7	− 1.39
55	ζ	Aqr	3.7	d F 3 IV	. . . .	100	22 28.8	− 0.02
62	η	Aqr	4.0	B 8 V	. . . .	150	22 35.4	− 0.12
71	τ^2	Aqr	4.0	M0 III	. . . .	250	22 49.6	−13.59
73	λ	Aqr	3.8	M2 III	. . . .	250	22 52.6	− 7.58
76	δ	Aqr	3.3	A 3 IV	. . . .	100	22 54.6	−15.82
88		Aqr	3.7	K0 III	. . . .	150	23 09.4	−21.17
94		Aqr	5.1	d G6 IV	. . . .	80	23 19.1	−13.46
98		Aqr	4.0	K0 III	. . . .	120	23 23.0	−20.10
101		Aqr	4.7	d A 0 II	. . . .	1 000	23 33.3	−20.91
104		Aqr	4.7	d G0 II	. . . .	1 000	23 41.8	−17.81
R		Aqr	5.8–12.4	M7 III	. . . .	1 000	23 43.8	−15.28
107		Aqr	5.3	d F 1 IV	. . . .	200	23 46.0	−18.68

DOPPELST.			Helligk.		Spektr.		Pos.	Dist.	ab
12		Aqr	5ᵐ.8	7ᵐ.3	G4 ! A 3		192°	2″.8	t
41		Aqr	5.6	7.1	K0 F 5		112	5.0	t
55	ζ	Aqr	4.3	4.5	F 3 F 4	’90	208	1.9	t
						2000	192	2.1	t
						2010	180	2.4	t
94		Aqr	5.3	7.3	G5 K2		351	12.6	t
101		Aqr	4.8	7.1	A0 A		126	1.2	T
104		Aqr	4.8	7.6	G0 F		6	113	f
107		Aqr	5.7	6.7	F 1 F 2		135	6.8	t

VERÄNDERLICHER

R Aqr Mira–Typ
Per. 387 d
Max. 2447815
Min. Phase 0.58
m.H. 6ᵐ.5–10ᵐ.3
Periodenschwankungen treten im 24–jährigen Rhythmus auf

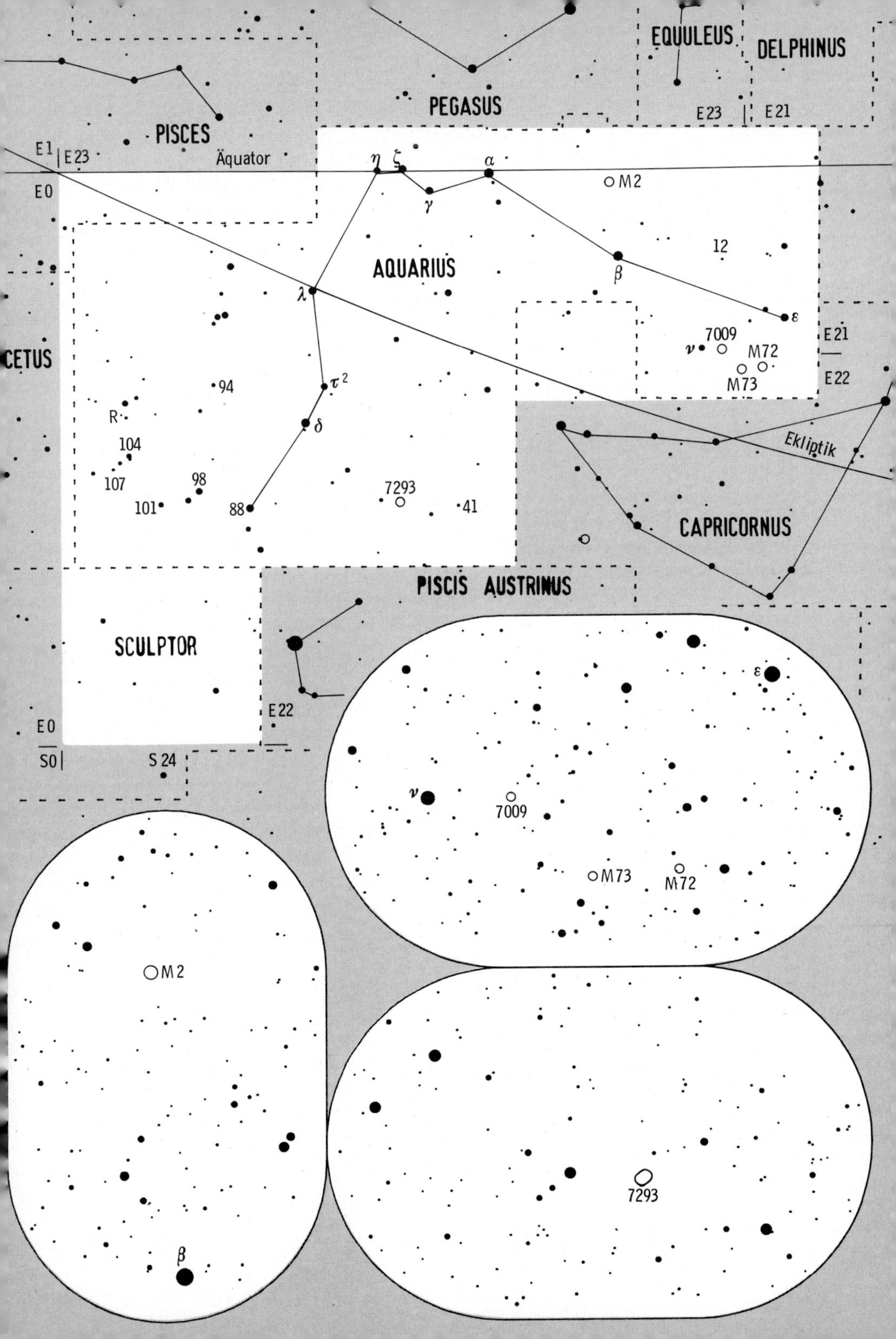

PISCES
PEGASUS
EQUULEUS
DELPHINUS
E23
E21
E1
E23
Äquator
E0
η
ζ
α
γ
M2
β
12
AQUARIUS
λ
ε
CETUS
7009
ν
M72
M73
E21
E22
τ2
94
R
δ
104
Ekliptik
107
98
101
88
7293
41
CAPRICORNUS
PISCIS AUSTRINUS
SCULPTOR
E22
E0
S0
S 24
ε
ν
7009
M73
M72
M2
7293
β

NEBEL		Bild	Helligkeit		Größe	Form	Typ	ab	Entf.	Rekt.	Dekl.
55		Scl	8^m	$10^m_{(5')}$	25′	Sm8	Galx	O	8 MLj	0^h15^m	−39.°2
104		Tuc	4	7	25	III	KugS	a	15000	0 24	−72.1
292	SMC	Tuc	2½	10	180	Sm4	Galx	a	200000	0 53	−72.8
362		Tuc	6½	8	10	III	KugS	A	30000	1 03	−70.9
1291		Eri	9	9	6	Sa 4	Galx	f	30 M	3 17	−41.1
1316		For	9½	9	4	L 3	Galx	f	60 M	3 23	−37.2
1365		For	10	10	8	Sb 5	Galx	F	60 M	3 33½	−36.1

55		sehr länglich und leicht asymmetrisch, schwach vergrößern
104		**47 Tucanae**, äußerst imposant, schon mit freiem Auge
292	SMC	**Kleine Magellansche Wolke**, bei dunklem Himmel auffällig mit freiem Auge, Nordteil strukturiert, schwach vergrößern
362		deutliches Zentrum, erst im größeren Teleskop am Rand aufgelöst
1291		kreisrundes Zentralgebiet, im Amateurteleskop strukturarm
1316		**Fornax A**, hellste Galaxie des **Fornax Haufens**, sternförmiger Kern
1365		Balken der Spirale schwierig erkennbar, viele 11^m Galaxien nahe

STERN			Helligkeit	Spektr.	Name, Bemerkung	Entf.	Rekt.	Dekl.
	ε	Phe	$3.^m9$	K0 III	. . . .	70Lj	$0^h09.^m4$	−45.°75
	β	Hyi	2.8	G1 IV	. . . .	20	0 25.8	−77.25
	κ	Phe	3.9	A5 V	. . . .	60	0 26.2	−43.68
	α	Phe	2.4	K0 III	Ankaa	80	0 26.3	−42.31
	β	Tuc	3.7	dA1 V	. . . .	150	0 31.6	−62.96
	β	Phe	3.3	dG8 III	. . . .	150	1 06.1	−46.72
	ζ	Phe	3.9–4.3	dB8 V	. . . .	250	1 08.4	−55.25
	γ	Phe	3.4	K6 II	. . . .	300	1 28.4	−43.32
	δ	Phe	4.0	K0 III	. . . .	100	1 31.3	−49.07
	α	Eri	0.5	B4 V	**Achernar**	90	1 37.7	−57.24
p		Eri	5.1	dK3 V	. . . .	21	1 39.8	−56.20
	χ	Eri	3.7	G6 IV	. . . .	50	1 56.0	−51.61
	α	Hyi	2.9	F0 V	. . . .	45	1 58.8	−61.57
	φ	Eri	3.6	B8 V	. . . .	120	2 16.5	−51.51
	ι	Eri	4.1	K0 III	. . . .	200	2 40.7	−39.86
R		Hor	4.7–14.3	M7 III	. . . .	500	2 53.9	−49.89
	ϑ	Eri	3.0	dA3 III	Acamar	120	2 58.3	−40.30
f		Eri	4.3	dA0 V	. . . .	200	3 48.6	−37.62

DOPPELST.			Helligk.		Spektr.		Pos.	Dist.	ab
	β	Tuc	$4.^m4$	$4.^m5$	B9	A4	168°	27.″1	F
	β	Phe	4.0	4.2	G8	G	325	1.6	t
	ζ	Phe	4	6.9	B6!	F7	243	6.4	t
p		Eri	5.8	5.9	K5	K0 '90	193	11.3	t
						2010	188	11.6	t
	ϑ	Eri	3.3	4.4	A4	A1	90	8.2	t
f		Eri	4.8	5.4	B9	A1	216	8.1	t

VERÄNDERLICHER	
ζ Phe	Algol–Typ
Per.	1.669767 d
Min.	2447527.95
Max.	Ph.0.06–0.94
R Hor	Mira–Typ
Per.	405 d
Max.	≈ 2447570

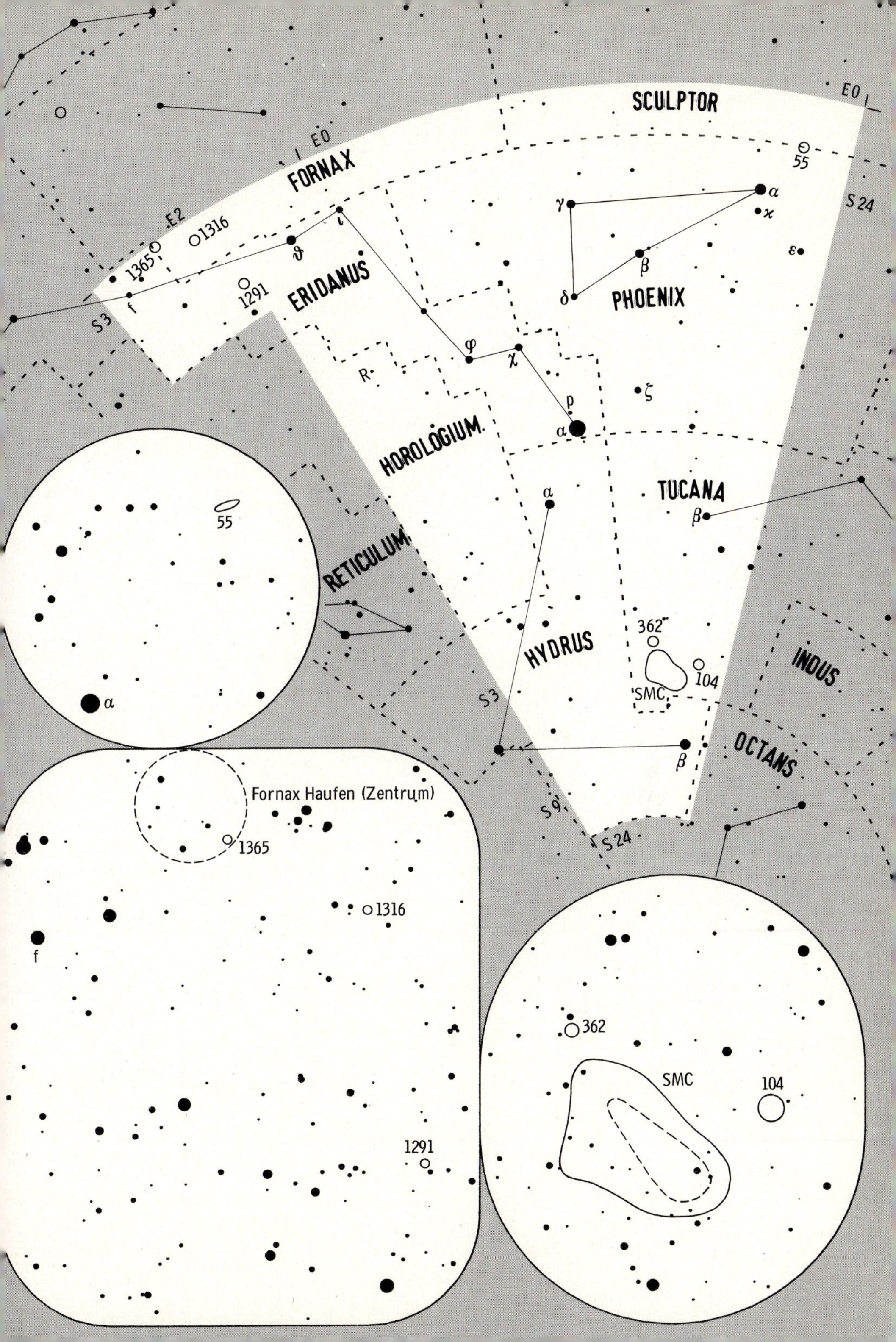

SCULPTOR
FORNAX
ERIDANUS
PHOENIX
HOROLOGIUM
RETICULUM
TUCANA
HYDRUS
INDUS
OCTANS
E0
E2
S3
S9
S24
1365
1316
1291
55
362
104
SMC
R
Fornax Haufen (Zentrum)

NEBEL		Bild	Helligkeit		Größe	Form	Typ	ab	Entf.	Rekt.	Dekl.
1851		Col	$7\frac{1}{2}^m$	$8^m_{(5')}$	6′	II	KugS	o	40000Lj	5^h14^m	$-40.^\circ0$
	LMC	Dor	$0\frac{1}{2}$	10	480	Sm2	Galx	a	150000	5 24	−69.8
2070		Dor	5	8	25	Em2	Gasn	a	150000	5 39	−69.1
2516		Car	4	8	40	r	OffnS	a	2000	7 58	−60.9

1851 schon im Fernglas deutliche Zentralverdichtung, kaum auflösbar

LMC **Große Magellansche Wolke**, hellster und größter Nebel, Balken und Ansätze der Spiralarme mit freiem Auge, unbeschreiblich im Fernglas, traumhaft im Teleskop bei dunkelstem Himmel

2070 **Tarantelnebel**, phantastisch, einzigartig im Universum, 5000-fache Leuchtkraft des Orionnebels, Supernova 1987A 20′ südwestlich

2516 einfach mit freiem Auge, im Fernglas imposant sternenreich

STERN		Helligkeit	Spektr.	Name, Bemerkung	Entf.	Rekt.	Dekl.
β	Ret	$3.^m9$	K0 IV	. . . .	60Lj	$3^h44.^m2$	$-64.^\circ81$
γ	Hyi	3.2	M1 III	. . . .	150	3 47.2	−74.24
δ	Ret	4.6	M2 III	. . . .	300	3 58.7	−61.40
α	Hor	3.9	K1 III	. . . .	200	4 14.0	−42.29
α	Ret	3.4	G7 II	. . . .	400	4 14.4	−62.47
γ	Dor	4.3	F3 V	. . . .	70	4 16.0	−51.49
ε	Ret	4.4	K3 IV	. . . .	70	4 16.5	−59.30
α	Dor	3.3	A0 III	. . . .	200	4 35.0	−55.05
ι	Pic	5.2	dF0 IV	. . . .	200	4 50.9	−53.46
β	Dor	3.5–4.1	F8 Ia	. . . .	8000	5 33.6	−62.49
β	Pic	3.9	A5 V	. . . .	80	5 47.3	−51.07
γ	Pic	4.5	K1 III	. . . .	250	5 49.8	−56.17
η	Col	4.0	K0 III	. . . .	150	5 59.1	−42.82
α	Car	−0.7	F0 Ib	**Canopus**	150	6 24.0	−52.70
ν	Pup	3.2	B8 III	. . . .	250	6 37.8	−43.20
α	Pic	3.3	A6 V	. . . .	60	6 48.2	−61.94
τ	Pup	2.9	K0 III	. . . .	80	6 49.9	−50.61
γ	Vol	3.6	dG7 III	. . . .	150	7 08.8	−70.50
δ	Vol	4.0	F8 Ib	. . . .	2000	7 16.8	−67.96
ζ	Vol	3.9	K0 III	. . . .	200	7 41.8	−72.61
χ	Car	3.5	B2 IV	. . . .	600	7 56.8	−52.98
κ	Vol	4.8	dB9 III	. . . .	500	8 19.9	−71.51
ε	Car	1.9	K0 III	Avoir	150	8 22.5	−59.51
β	Vol	3.8	K2 III	. . . .	150	8 25.7	−66.14
c	Car	3.8	B8 II	. . . .	500	8 55.0	−60.64
α	Vol	4.0	A4 V	. . . .	80	9 02.4	−66.40

DOPPELST.		Helligk.		Spektr.		Pos.	Dist.	ab
ι	Pic	$5.^m6$	$6.^m4$	F0	F2	58°	$12.''3$	t
γ	Vol	3.8	5.7	G9	F2	300	13.6	t
κ	Vol	5.4	5.7	B9	A0	57	65	f

VERÄNDERLICHER	
β Dor	Cepheid
Per.	9.842 d
Max.	2447529.2

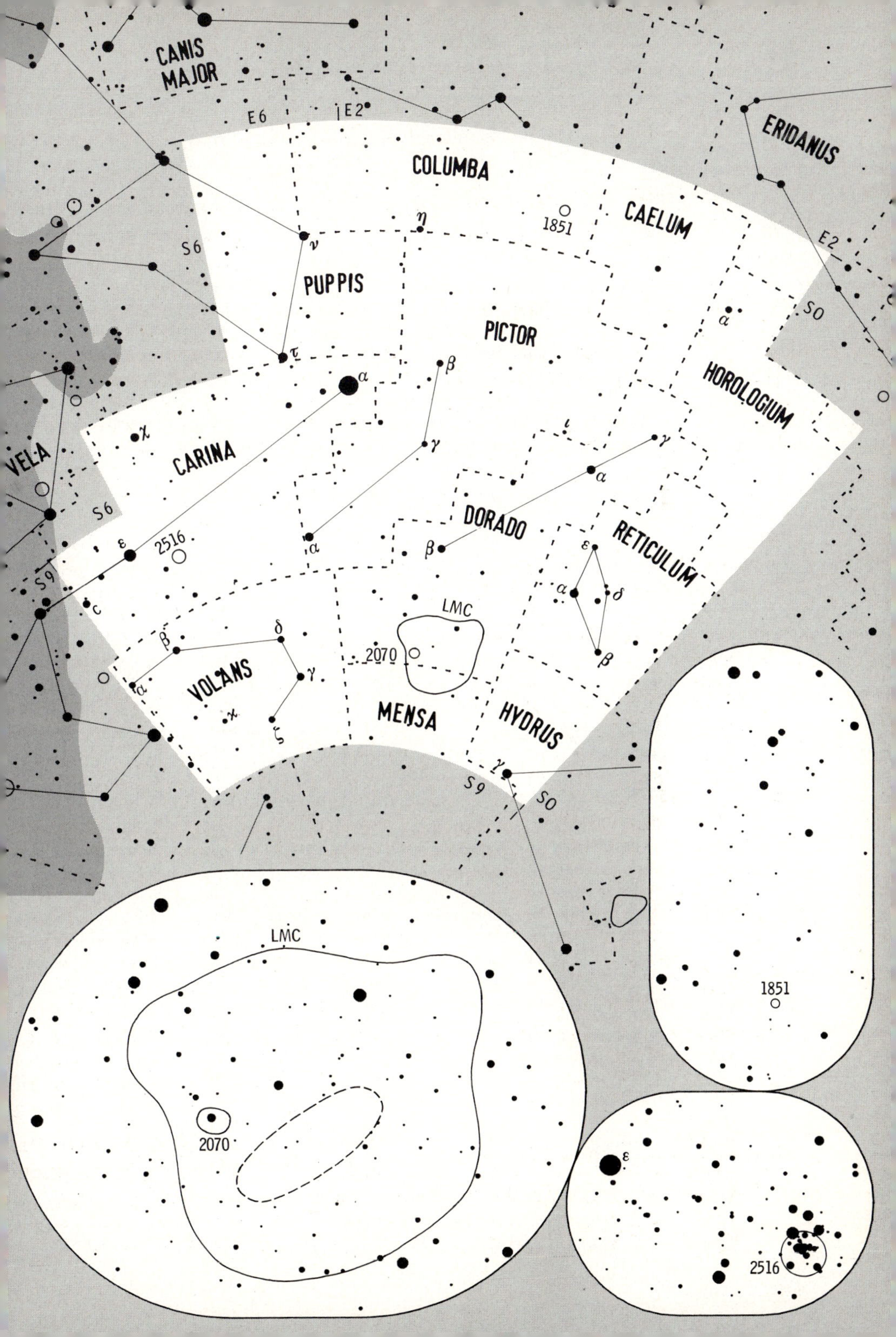
CANIS MAJOR
E6
E2
COLUMBA
ERIDANUS
1851
CAELUM
E2
S6
PUPPIS
PICTOR
S0
HOROLOGIUM
CARINA
VELA
S6
DORADO
RETICULUM
2516
S9
LMC
2070
VOLANS
MENSA
HYDRUS
S9
S0
LMC
2070
1851
2516

S6 Südhimmel, Winter–Frühlingsternbilder

NEBEL	Bild	Helligkeit		Größe	Form	Typ	ab	Entf.	Rekt.	Dekl.
2451	Pup	$3\frac{1}{2}^m$	$8^m_{(5')}$	40′	p	OffnS	a	1 500Lj	7^h45^m	−38.°0
2477	Pup	6	9	25	r	OffnS	o	5 000	7 52	−38.5
2547	Vel	5	7	15	m n	OffnS	a	2 000	8 11	−49.3
2546	Pup	6	10	30	m	OffnS	o	3 000	8 12	−37.6
IC 2391	Vel	3	8	40	p	OffnS	a	500	8 40	−53.1
3132	Vel	9	5	1.0	R 3	Plntr	f	2 000	10 07	−40.4
3201	Vel	7	9	12	X	KugS	o	15 000	10 18	−46.4

2451	im Fernglas schön aufgelöst, wenige, aber sehr helle Sterne
2477	unheimlich sternenreich, schön aufgelöst im Teleskop
2547	heller Sternhaufen für das Fernglas, weniger für das Teleskop
2546	länglicher Sternhaufen im Fernglas, unauffällig im Teleskop
IC 2391	*o* (omikron) **Velorum Haufen**, wenige Sterne, für freies Auge bis Fernglas
3132	ovales Scheibchen mit 10^m Stern im Teleskop
3201	unregelmäßige Sternverdichtungen, auflösbar im größeren Teleskop

STERN			Helligkeit	Spektr.	Name, Bemerkung	Entf.	Rekt.	Dekl.
L^2		Pup	2.ᵐ6–6.ᵐ2	M5 III	. . . .	150Lj	$7^h13.^m5$	−44.°64
	π	Pup	2.7	K4 III	. . . .	120	7 17.1	−37.10
	υ	Pup	4.1	d B3 IV	auch y Puppis genannt	800	7 18.4	−36.74
	σ	Pup	3.3	K5 III	. . . .	150	7 29.2	−43.30
c		Pup	3.6	K2 Ib	in NGC 2451	1 500	7 45.3	−37.97
a		Pup	3.7	K0 III	. . . .	250	7 52.2	−40.58
	ζ	Pup	2.3	O5 Ia	. . . .	2 000	8 03.6	−40.00
	γ	Vel	1.5–1.7	d O7 Ia	Suhail Al Muhlif . .	1 500	8 09.5	−47.34
	o	Vel	3.6	B3 IV	in IC 2391	500	8 40.3	−52.92
b		Vel	3.8	F2 Ia	. . . .	6 000	8 40.6	−46.65
d		Vel	4.0	G5 III	. . . .	150	8 44.4	−42.65
	δ	Vel	2.0	d A1 V	. . . .	70	8 44.7	−54.71
a		Vel	3.9	A0 III	. . . .	250	8 46.0	−46.04
c		Vel	3.8	K2 III	. . . .	200	9 04.2	−47.10
	λ	Vel	2.2	K5 Ib	Suhail Al Wazn . .	500	9 08.0	−43.43
	κ	Vel	2.5	B2 IV	. . . .	400	9 22.1	−55.01
	ψ	Vel	3.6	F2 IV	. . . .	60	9 30.7	−40.47
	φ	Vel	3.5	B5 Ib	. . . .	2 500	9 56.9	−54.57
q		Vel	3.9	A2 V	. . . .	100	10 14.7	−42.12
p		Vel	3.8	F4 IV	. . . .	80	10 37.3	−48.23
x		Vel	4.1	d F9 II	. . . .	600	10 39.3	−55.60
	μ	Vel	2.7	G5 III	. . . .	100	10 46.8	−49.42

DOPPELST.			Helligk.		Spektr.		Pos.	Dist.	ab
	υ	Pup	4.ᵐ7	5.ᵐ1	B3	B3	97°	240″	A
	γ	Vel	2	4.2	O7	B1	220	41.2	F
	δ	Vel	2.0	5.1	A0	F5	135	2.5	T
x		Vel	4.3	6.2	G2!	B8	105	51.9	f

VERÄNDERLICHER

L^2 Pup halbregelm.
Per. 140.5 d
Max. ≈ 2447560

γ Vel Per. ≈ 2 Min.!

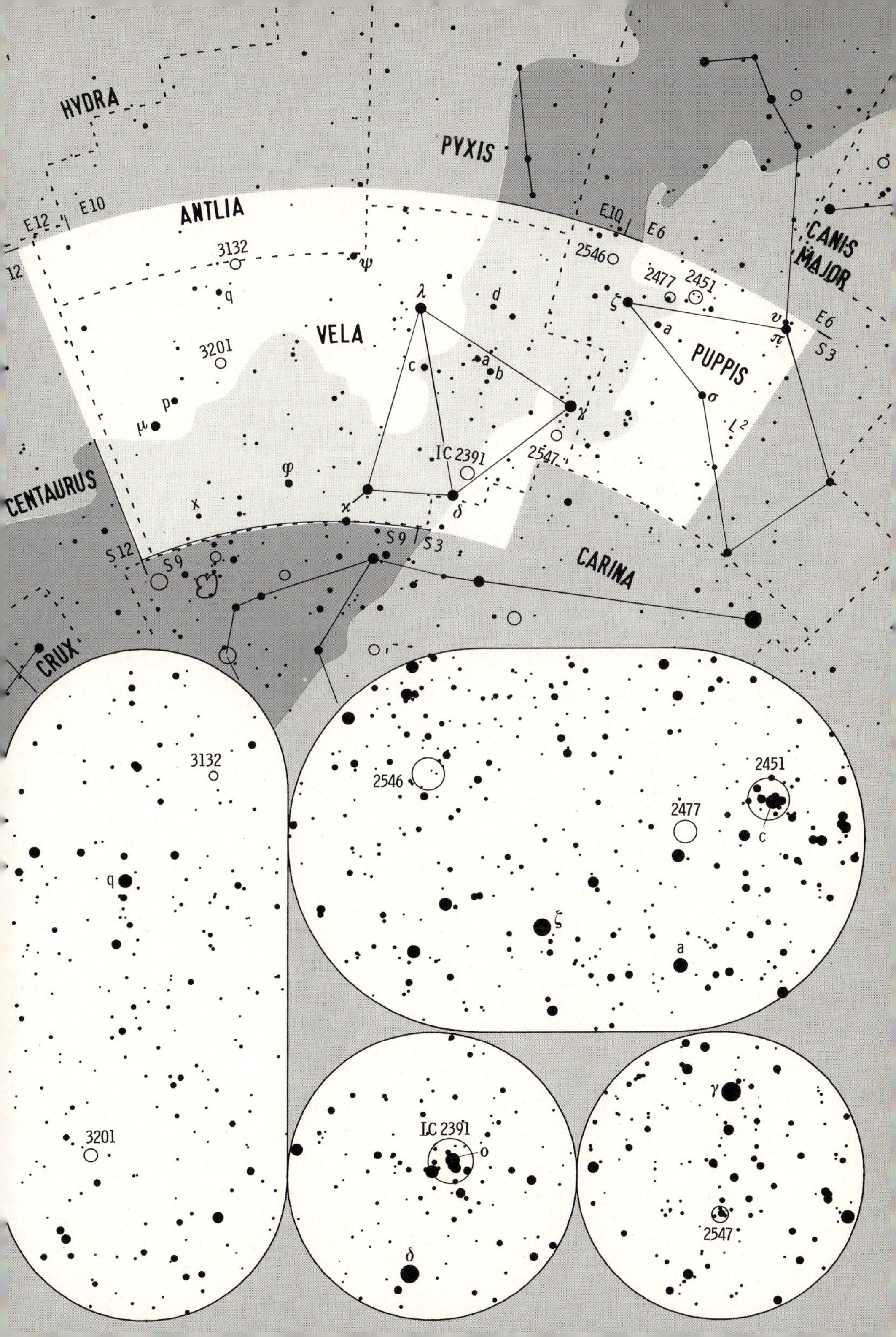

HYDRA
PYXIS
ANTLIA
VELA
PUPPIS
CANIS MAJOR
CENTAURUS
CARINA
CRUX
E12
E10
E6
S12
S9
S3
3132
3201
2546
2477
2451
2547
IC 2391

NEBEL	Bild	Helligkeit		Größe	Form	Typ	ab	Entf.	Rekt.	Dekl.
2808	Car	6½^m	7$^m_{(5')}$	8′	I	KugS	A	30000Lj	9^{h}12^m	−64.°9
3114	Car	4½	8	30	r	OffnS	a	2500	10 03	−60.1
3293	Car	5½	6	6	m n	OffnS	a	5000	10 36	−58.2
IC 2602	Car	2	7	60	m	OffnS	a	800	10 43	−64.4
3372	Car	3	10	100	Em1	Gasn	a	6000	10 44	−59.9
3532	Car	3½	9	60	r	OffnS	a	1500	11 06	−58.7

2808 aufgelöst im Teleskop, Form I, also äußerst konzentrierter Kern
3114 eindrucksvoller Sternhaufen, lohnenswert in jedem Instrument
3293 kleiner Nebel im Fernglas, aufgelöst im Teleskop, stark vergrößern
IC 2602 **Südliche Plejaden**, den Plejaden ähnlich, nur wenig schwächer
3372 *η* **Carinae Nebel**, auffallend mit freiem Auge, strukturreich im Fernglas, noch besser im Teleskop bei schwacher Vergrößerung
3532 extrem sternenreich, länglich, imposant in jedem Instrument

STERN			Helligkeit	Spektr.	Name, Bemerkung	Entf.	Rekt.	Dekl.
	α	Cha	4.^{m}1	F 6 IV	. . . .	80Lj	8^{h}18.^{m}5	−76.°92
b¹		Car	4.7	d B 4 IV	. . . .	1000	8 57.0	−59.23
a		Car	3.4	B 2 IV	. . . .	600	9 11.0	−58.97
i		Car	4.0	B 3 III	. . . .	800	9 11.3	−62.32
	β	Car	1.7	A 1 III	Miaplacidus	80	9 13.2	−69.72
	ι	Car	2.3	A 9 Ib	. . . .	800	9 17.1	−59.28
N		Vel	3.1	K5 III	. . . .	150	9 31.2	−57.03
R		Car	3.9–10.3	M6 III	. . . .	500	9 32.2	−62.79
l		Car	3.3–4.2	G5 Ib	ZZ Carinae	1500	9 45.2	−62.51
	υ	Car	3.0	d A 8 Ib	. . . .	1000	9 47.1	−65.07
	ω	Car	3.3	B 8 III	. . . .	250	10 13.7	−70.04
q		Car	3.4	K4 II	. . . .	600	10 17.1	−61.33
I		Car	3.9	d F 1 IV	. . . .	60	10 24.4	−74.02
s		Car	3.8	F 1 II	. . . .	500	10 27.9	−58.74
p		Car	3.3	B 3 V	. . . .	300	10 32.0	−61.69
	γ	Cha	4.1	M0 III	. . . .	250	10 35.5	−78.61
	ϑ	Car	2.8	B 0 V	in IC 2602	800	10 43.0	−64.39
	δ	Cha	4.1	d A 3 IV	. . . .	800	10 45.6	−80.52
u		Car	3.7	d K0 III	. . . .	70	10 53.5	−58.86
x		Car	3.9	G2 Ia	in NGC 3532	5000	11 08.6	−58.97
	ε	Cha	4.7	d B 9 V	. . . .	300	11 59.7	−78.22

DOPPELST.			Helligk.		Spektr.		Pos.	Dist.	ab
b¹		Car	4.^{m}9	6.^{m}7	B 3	B 9	75°	40.″3	F
	υ	Car	3.1	6.0	A 8	A 8	127	5.0	t
I		Car	4.0	6.2	F 2	A 2	22	233	o
	δ	Cha	4.5	5.5	B 3!	K 0	343	265	A
u		Car	3.8	6.3	K 0!	B 3	204	157	O
	ε	Cha	4.9	6.5	B 9	A 0	38	135	O

VERÄNDERLICHER	
R Car	Mira–Typ
Per.	308.7 d
Max.	2447557
l ZZ Car	Cepheid
Per.	35.53 d
Max.	2447560

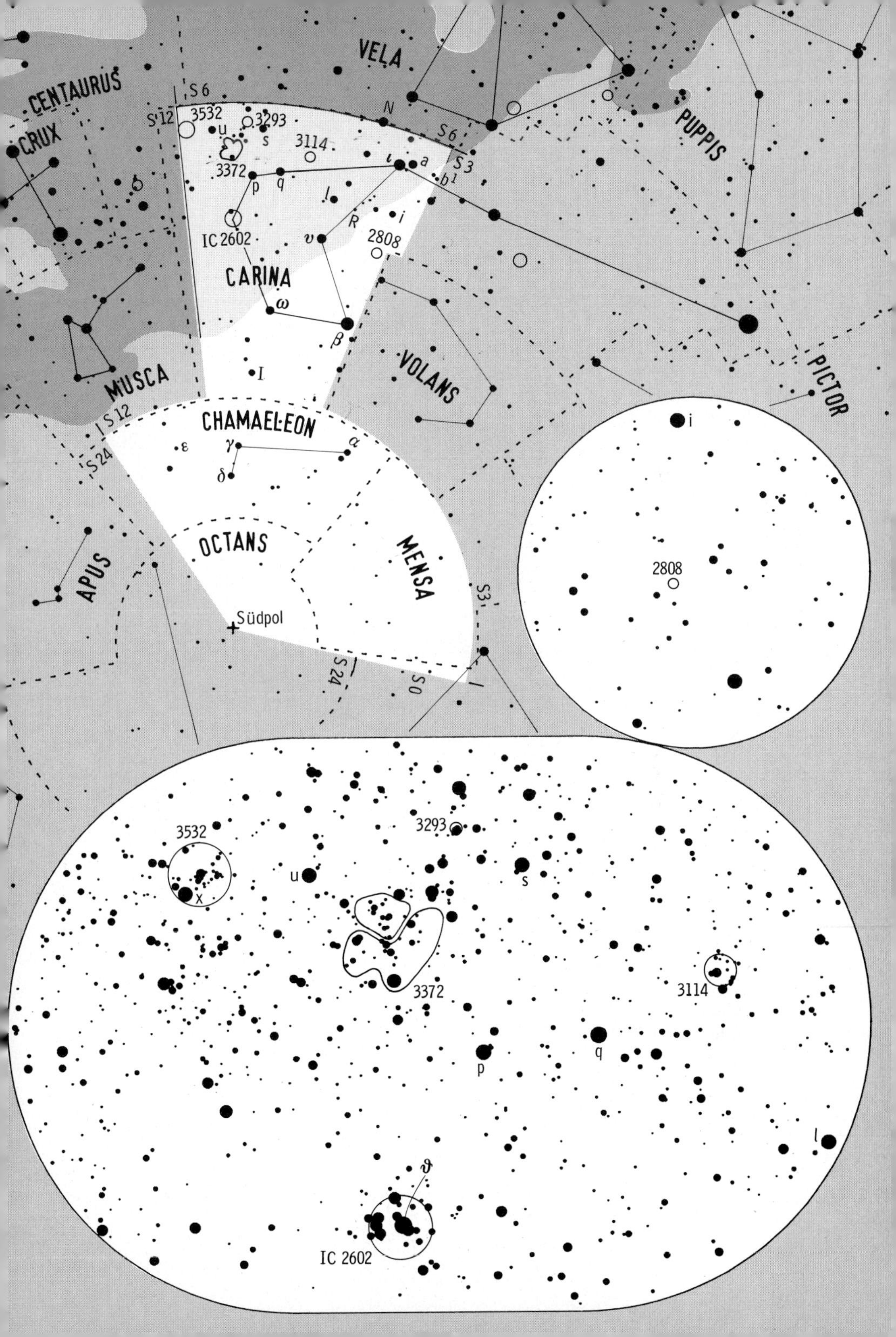

CENTAURUS
VELA
CRUX
PUPPIS
CARINA
MUSCA
VOLANS
PICTOR
CHAMAELEON
OCTANS
MENSA
APUS
Südpol
3532
3293
3114
3372
IC 2602
2808
S 6
S 12
S 3
S 24
S 0
N
u
s
p
q
l
R
i
a
b^1
ι
υ
ω
β
I
ε
γ
α
δ
x
ϑ

S12 Südhimmel, Frühlingsternbilder

NEBEL	Bild	Helligkeit	Größe	Form	Typ	ab	Entf.	Rekt.	Dekl.
3766	Cen	5^m $7^m_{(5')}$	12′	m	OffnS	a	1 500Lj	11^h36^m	−61°.6
Kohlensack	Cru	(3) (12)	360	Dunkelnebel		a	3 000	12 52	−63.3
4755	Cru	5 6	10	m	OffnS	a	6 000	12 54	−60.3

3766 aufgelöst im Fernglas, wunderbar im Teleskop, interessante Form

Kohlensack auffälligster Dunkelnebel, freies Auge, strukturreich im Fernglas

4755 **Juwelenschachtel, κ Crucis**, aufgelöst im Fernglas, eindrucksvoll im Teleskop, stärker vergrößern, pfeilförmige Struktur

STERN		Helligkeit	Spektr.	Name, Bemerkung	Entf.	Rekt.	Dekl.
π	Cen	$3^m.9$	B5 V	. . . .	300Lj	$11^h21^m.0$	−54°.49
o	Cen	4.3–4.6	d F2 Ia	. . . .	8 000	11 31.8	−59.48
λ	Cen	3.1	B9 III	. . . .	200	11 35.8	−63.02
λ	Mus	3.6	A6 V	. . . .	50	11 45.6	−66.73
δ	Cen	2.4	d B2 IV	. . . .	500	12 08.3	−50.71
ϱ	Cen	4.0	B4 V	. . . .	400	12 11.7	−52.37
δ	Cru	2.8	B2 V	. . . .	400	12 15.1	−58.75
ε	Mus	4.0–4.3	M5 III	. . . .	100	12 17.6	−67.96
ζ	Cru	4.0	B3 V	. . . .	500	12 18.4	−64.00
ε	Cru	3.4–4.0	K3 III	. . . .	150	12 21.4	−60.40
α	Cru	0.8	d B1 IV	**Acrux**	400	12 26.6	−63.10
σ	Cen	3.9	B3 V	. . . .	400	12 28.0	−50.23
γ	Cru	1.6	d M3 III	Gacrux	120	12 31.2	−57.11
γ	Mus	3.9	B5 V	. . . .	200	12 32.5	−72.13
α	Mus	2.7	B3 IV	. . . .	300	12 37.2	−69.14
τ	Cen	3.9	A2 V	. . . .	100	12 37.7	−48.54
γ	Cen	2.2	d A0 IV	. . . .	150	12 41.5	−48.96
β	Mus	3.1	d B2 V	. . . .	300	12 46.3	−68.11
β	Cru	1.3	B0 III	**Mimosa**	400	12 47.7	−59.69
μ	Cru	3.7	d B3 IV	. . . .	600	12 54.6	−57.18
δ	Mus	3.6	K2 III	. . . .	200	13 02.3	−71.55

DOPPELST.		Helligk.		Spektr.			Pos.	Dist.	ab
o	Cen	5^m	$5^m.2$	G2!	A2		176°	265″	A
δ	Cen	2.6	4.5	B2	B5		325	269	A
			6.4		B9		223	198	O
α	Cru	1.4	1.8	B1	B2		112	4.0	t
			4.9		B4		202	90	f
γ	Cru	1.6	6.4	M3!	A3		25	128	F
γ	Cen	2.9	2.9	A0	A0	’90	353	1.4	T
						2000	347	1.0	T
						2005	341	0.7	-
						2010	324	0.4	-
β	Mus	3.7	4.0	B2	B3		43	1.3	T
μ	Cru	4.0	5.2	B2	B5		17	34.9	F

VERÄNDERLICHER

o Cen halbregelm.
Per. ≈ 200 d ?
Helligkeiten:
Hauptst. $4^m.9$–$5^m.4$
Begleitstern $5^m.2$
zwei sehr ferne Riesensterne verschiedener Farbe

ε Mus halbregelm.
Per. ≈ 40 d

ε Cru unregelm. ?
m.H. ≈ $3^m.6$

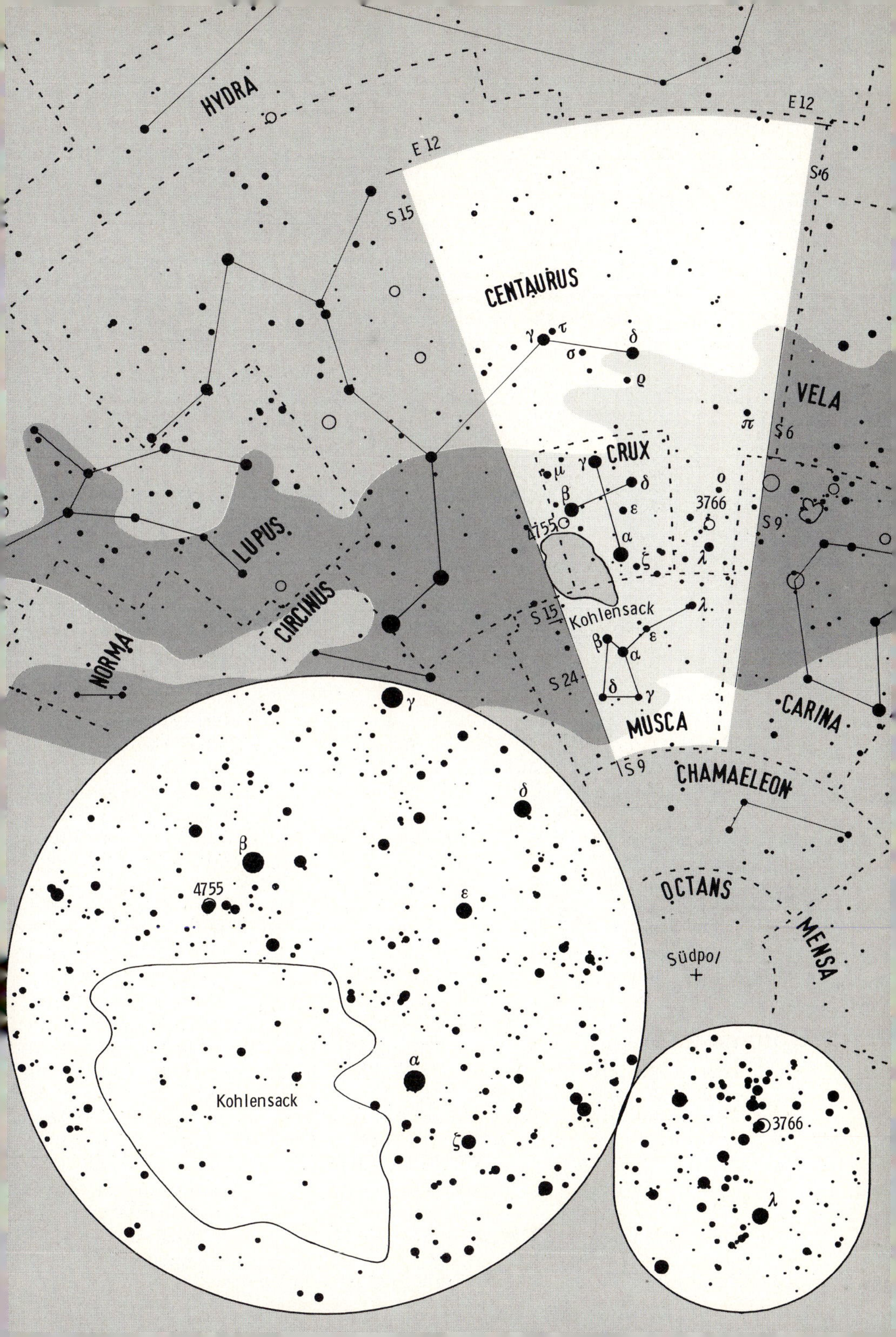
HYDRA
E 12
S 15
CENTAURUS
S 6
VELA
CRUX
3766
4755
LUPUS
CIRCINUS
NORMA
Kohlensack
S 15
S 24
S 9
MUSCA
CARINA
CHAMAELEON
OCTANS
MENSA
Südpol
Kohlensack
3766

S15 Südhimmel, Frühlingsternbilder

NEBEL	Bild	Helligkeit	Größe	Form	Typ	ab	Entf.	Rekt.	Dekl.
5128	Cen	7^m $9^m_{(5')}$	12′	L 2	Galx	o	15 MLj	$13^h25\frac{1}{2}^m$	−43.°0
5139	Cen	3½ 7	30	VIII	KugS	a	15000	13 27	−47.5
5460	Cen	6 10	30	p	OffnS	o	2000	14 08	−48.3
5822	Lup	6½ 11	40	r	OffnS	o	2500	15 05	−54.3

5128 **Centaurus A**, im kleineren Teleskop kreisrunder Nebel, im größeren Teleskop dunkles Staubband mit Struktur, bemerkenswert

5139 ω **Centauri**, Paradeobjekt der Kugelsternhaufen, deutlich mit freiem Auge, heller elliptischer Nebel im Fernglas, phantastischer Sternenreichtum im größeren Teleskop, faszinierend

5460 gut aufgelöst im Fernglas, ziemlich verstreut im Teleskop

5822 einfaches Fernglasobjekt, sehr sternenreich im Teleskop

STERN			Helligkeit	Spektr.	Name, Bemerkung	Entf.	Rekt.	Dekl.
	ι	Cen	2.^{m}8	A2 V	. . . .	50Lj	$13^h20.^m6$	−36.°71
J		Cen	4.3	dB3 V	. . . .	600	13 22.6	−60.99
d		Cen	3.9	G8 II	. . . .	400	13 31.0	−39.41
	ε	Cen	2.3	B1 IV	. . . .	600	13 39.9	−53.47
Q		Cen	5.0	dB8 V	. . . .	400	13 41.7	−54.56
	ν	Cen	3.4	B2 IV	. . . .	600	13 49.5	−41.69
	μ	Cen	2.9–3.5	B3 V	. . . .	300	13 49.6	−42.47
	ζ	Cen	2.6	B2 IV	. . . .	400	13 55.5	−47.29
	φ	Cen	3.8	B2 IV	. . . .	800	13 58.3	−42.10
	υ^1	Cen	3.9	B3 IV	. . . .	600	13 58.7	−44.80
	β	Cen	0.6	B1 III	**Hadar, Agena** . . .	300	14 03.8	−60.37
5	ϑ	Cen	2.1	K0 III	. . . .	50	14 06.7	−36.37
R		Cen	5.3–11.8	M5 II	. . . .	2000	14 16.6	−59.91
	η	Cen	2.4	B2 IV	. . . .	300	14 35.5	−42.16
	α	Cen	−0.3	dG4 V	**Rigil Kentaurus, Toliman**	4.4	14 39.6	−60.83
b		Cen	4.0	B3 V	. . . .	500	14 42.0	−37.79
	α	Cir	3.2	F0 V	. . . .	50	14 42.5	−64.98
	κ	Cen	3.1	B2 IV	. . . .	500	14 59.2	−42.10
	δ	Cir	4.6	dO9 V	. . . .	2500	15 16.8	−60.94
	β	Cir	4.1	A3 V	. . . .	80	15 17.5	−58.80
	γ	Cir	4.5	A5 V	. . . .	500	15 23.4	−59.32

DOPPELST.			Helligk.	Spektr.		Pos.	Dist.	ab
J		Cen	4.^{m}5 6.^{m}2	B3 B3		343°	60″	f
Q		Cen	5.3 6.7	B8 A0		163	5.3	t
	α	Cen	0.0 1.3	G2 K1	'90	215	19.7	F
					1995	218	17.3	t
					2000	222	14.1	t
					2005	230	10.5	t
					2010	245	6.8	t
	δ	Cir	5.1 5.7	O9 B1		323	243	o

VERÄNDERLICHER

μ Cen	unregelm.
R Cen	Mira–Typ
Per.	546 d
Max.	2447950

Bemerkung zu α Cen: zweitnächster Fixstern, 11^m Proxima Cen 4.3 Lj

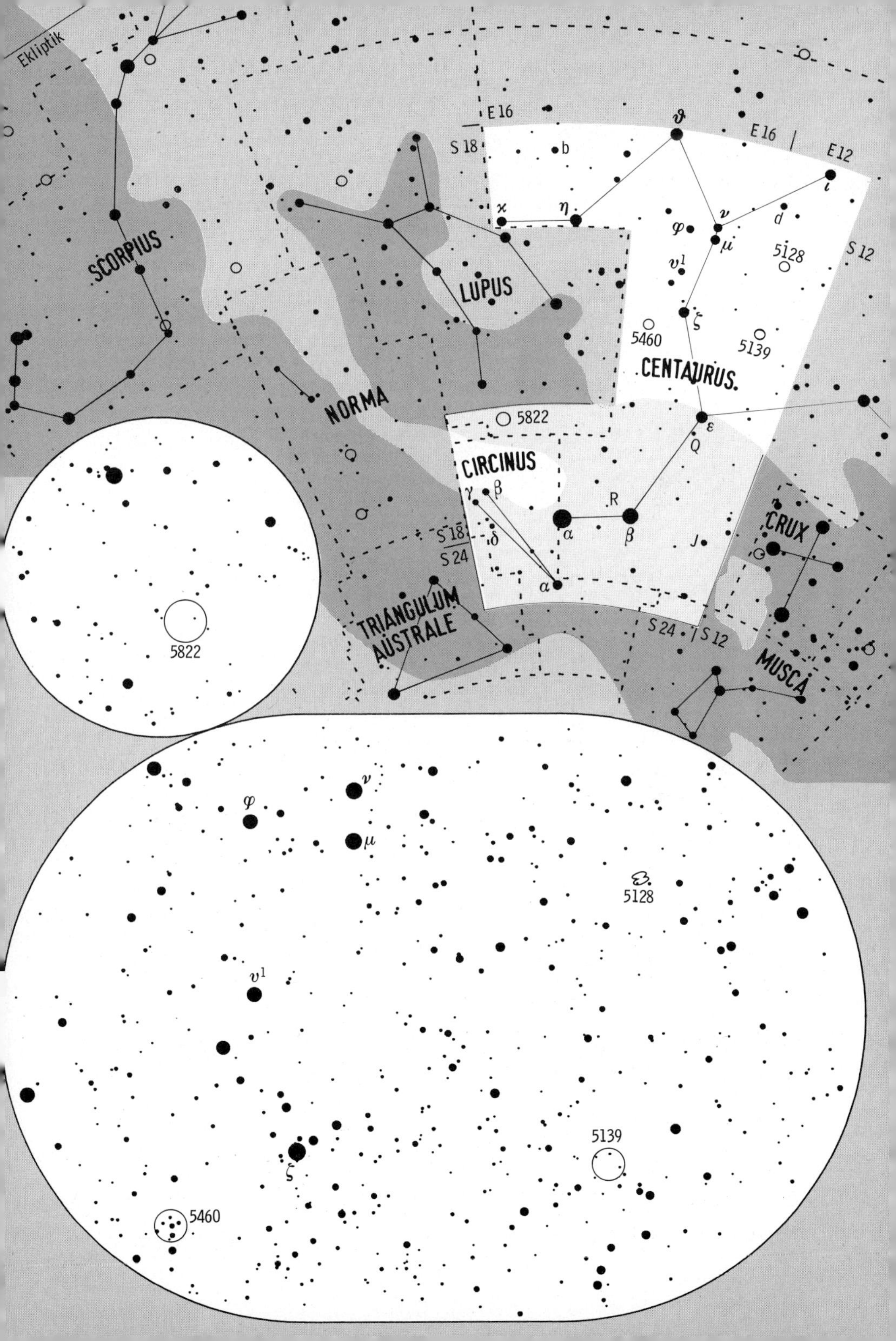
Ekliptik
SCORPIUS
LUPUS
NORMA
CENTAURUS
CIRCINUS
TRIANGULUM AUSTRALE
CRUX
MUSCA
E 16
E 12
S 18
S 12
S 24
5822
5128
5460
5139
ϑ
b
ι
d
ν
μ
φ
υ^1
ζ
κ
η
ε
Q
R
J
α
β
γ
δ

S18 Südhimmel, Frühling–Sommersternbilder

NEBEL	Bild	Helligkeit		Größe	Form	Typ	ab	Entf.	Rekt.	Dekl.
5986	Lup	7^m	$8^m_{(5')}$	6′	VII	KugS	o	40000Lj	15^h46^m	$-37\overset{\circ}{.}8$
6067	Nor	6	8	15	r	OffnS	A	6000	16 13	−54.2
6087	Nor	6	8	15	p	OffnS	A	3000	16 19	−57.9
6397	Ara	6	9	20	IX	KugS	o	8000	17 41	−53.7

5986 gleichmäßig runder Nebel, Randpartien auflösbar
6067 hellerer Sternhaufen, sehr reiche Sternenzahl im Teleskop
6087 schön aufgelöst im Fernglas, mit Teleskop schwach vergrößern
6397 leicht dreiecksförmiger Nebel im Fernglas, gut aufgelöst im Teleskop, deutliche Sternenketten bei stärkerer Vergrößerung

STERN	Helligkeit	Spektr.	Name, Bemerkung	Entf.	Rekt.	Dekl.
ι Lup	$3\overset{m}{.}5$	B3 IV	. . . .	400Lj	$14^h19\overset{m}{.}4$	$-46\overset{\circ}{.}06$
α Lup	2.3	B1 III	. . . .	600	14 41.9	−47.39
β Lup	2.7	B2 IV	. . . .	500	14 58.5	−43.13
π Lup	3.9	dB5 IV	. . . .	400	15 05.1	−47.05
κ Lup	3.7	dB9 V	. . . .	200	15 11.9	−48.74
ζ Lup	3.4	dG8 III	. . . .	120	15 12.3	−52.10
μ Lup	4.1	dB8 V	. . . .	250	15 18.5	−47.88
δ Lup	3.2	B2 IV	. . . .	600	15 21.4	−40.65
φ^1 Lup	3.6	K5 III	. . . .	200	15 21.8	−36.26
ε Lup	3.4	B3 IV	. . . .	400	15 22.7	−44.69
γ Lup	2.8	B2 IV	. . . .	400	15 35.1	−41.17
d Lup	4.5	dB3 IV	. . . .	800	15 35.9	−44.96
η Lup	3.4	B2 IV	. . . .	600	16 00.1	−38.40
γ^2 Nor	4.0	G8 III	. . . .	120	16 19.8	−50.16
ε Nor	4.4	dB4 V	. . . .	600	16 27.2	−47.55
η Ara	3.8	K5 III	. . . .	200	16 49.8	−59.04
ζ Ara	3.1	K4 III	. . . .	120	16 58.6	−55.99
ε^1 Ara	4.1	K6 III	. . . .	250	16 59.6	−53.16
β Ara	2.9	K3 Ib	. . . .	800	17 25.3	−55.53
γ Ara	3.3	B1 II	. . . .	1500	17 25.4	−56.38
δ Ara	3.6	B8 V	. . . .	100	17 31.1	−60.68
α Ara	3.0	B3 V	. . . .	200	17 31.8	−49.88
ϑ Ara	3.7	B2 Ib	. . . .	2000	18 06.6	−50.09

DOPPELST.	Helligk.		Spektr.		Pos.	Dist.	ab
π Lup	$4\overset{m}{.}6$	$4\overset{m}{.}7$	B5	B5	63°	$1\overset{''}{.}6$	t
κ Lup	3.9	5.7	B9	A2	144	26.8	F
ζ Lup	3.4	6.7	G8	F8	252	71	F
μ Lup	5.0	5.1	B8	B8	130	1.0	T
		7.2		A0	130	23.6	t
		7.1		F5	248	242	O
d Lup	4.7	6.7	B3	B8	10	2.0	t
ε Nor	4.5	7.5	B4	B9	335	22.8	t

Bemerkung zu μ Lupi

Er ist ein interessanter Mehrfachstern: Doppelstern ($4\overset{m}{.}2$, $7\overset{m}{.}1$) im Fernglas, Dreifachstern ($4\overset{m}{.}3$, $7\overset{m}{.}2$, $7\overset{m}{.}1$) im kleineren Teleskop, Vierfachstern im größeren Teleskop

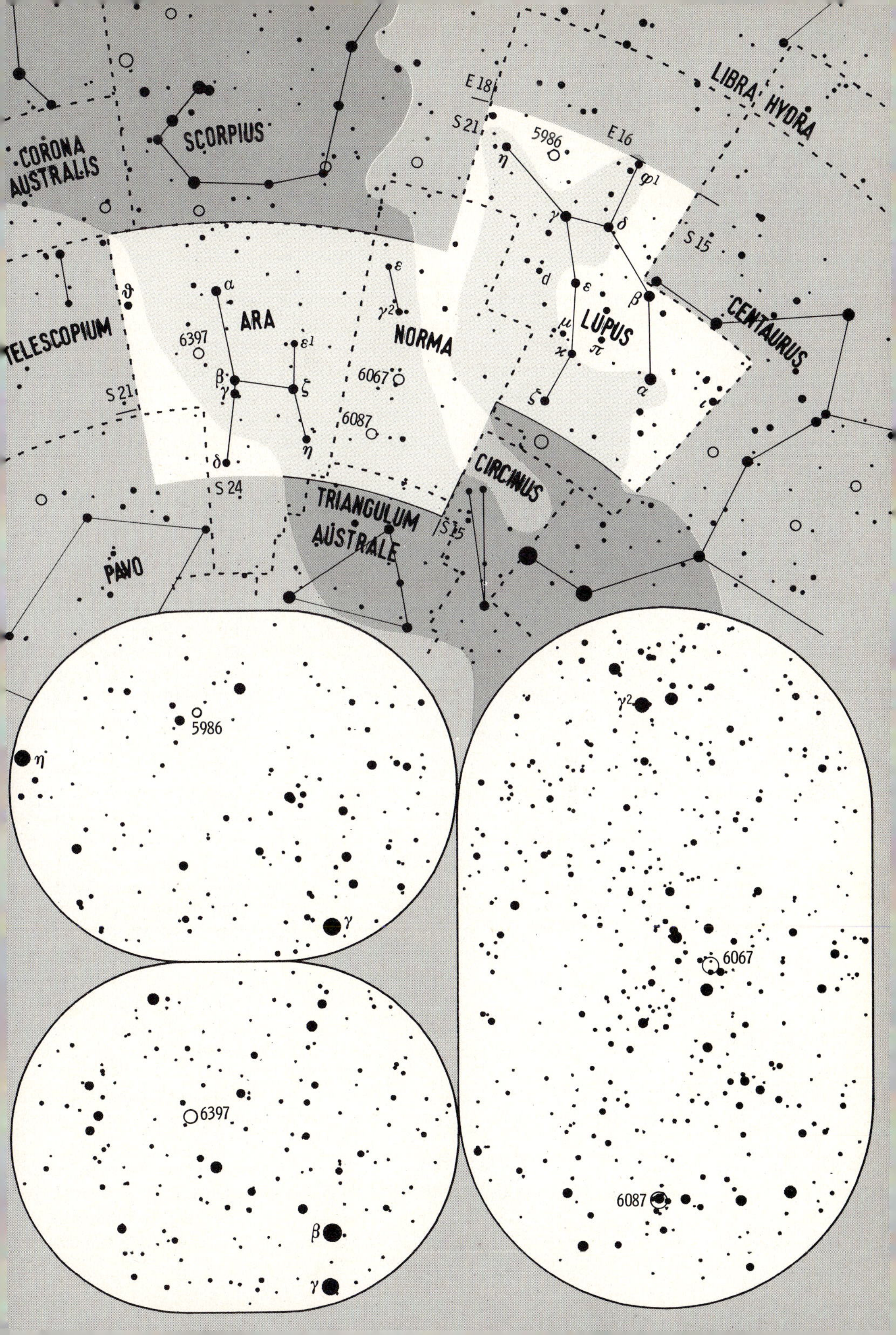
CORONA AUSTRALIS
SCORPIUS
LIBRA
HYDRA
E 18
S 21
5986
E 16
η
φ1
γ
δ
S 15
d
ε
β
CENTAURUS
LUPUS
μ
κ
π
ζ
α
ι
TELESCOPIUM
ϑ
α
ARA
ε1
6397
β
γ
ζ
η
δ
S 21
ε
γ2
NORMA
6067
6087
CIRCINUS
S 24
TRIANGULUM AUSTRALE
S 15
PAVO
5986
η
γ
6397
β
γ
γ2
6067
6087

S21 Südhimmel, Sommersternbilder

NEBEL	Bild	Helligkeit	Größe	Form	Typ	ab	Entf.	Rekt.	Dekl.
6124	Sco	6^m $9^m_{(5')}$	25′	r	OffnS	o	2000Lj	16^h26^m	$-40^\circ.7$
6231	Sco	3½ 6	15	p n	OffnS	a	4000	16 54	−41.8
6388	Sco	7 7	6	III	KugS	o	40000	17 36	−44.7
6541	CrA	7 8	8	III	KugS	o	20000	18 08	−43.7
6723	Sgr	7½ 9	8	VII	KugS	O	30000	18 59½	−36.6

6124 im Fernglas teilweise aufgelöst, schwache Sterne noch neblig
6231 einer der hellsten Sternhaufen, deutlich mit freiem Auge, wenige sehr helle Sterne im Fernglas, einige schwächere im Teleskop
6388 einfach als Nebel sichtbar, nicht aufgelöst im Amateurteleskop
6541 leicht oval und asymmetrisch, aufgelöst im größeren Teleskop
6723 ovaler Nebel im Fernglas, teilweise aufgelöst im größeren Teleskop, schwacher Reflexionsnebel 30′ südöstlich (NGC 6726, 6727)

STERN	Helligkeit	Spektr.	Name, Bemerkung	Entf.	Rekt.	Dekl.
μ^1 Sco	$3^m.0$–$3^m.3$	B1 V	} Dist. 5′.8	600Lj	$16^h51^m.9$	$-38^\circ.05$
μ^2 Sco	3.6	B2 IV	}	600	16 52.3	−38.02
ζ^2 Sco	3.6	K5 III	....	150	16 54.6	−42.36
η Sco	3.3	F2 IV	....	60	17 12.1	−43.24
34 υ Sco	2.7	B2 III	Lesath	600	17 30.8	−37.30
35 λ Sco	1.6	B2 IV	Shaula	300	17 33.6	−37.10
ϑ Sco	1.9	F0 II	Sargas	300	17 37.3	−43.00
κ Sco	2.4	B2 III	....	400	17 42.5	−39.03
ι^1 Sco	3.0	F2 Ia	....	5000	17 47.6	−40.13
G Sco	3.2	K2 III	....	150	17 49.9	−37.04
η Sgr	3.1	dM3 III	....	120	18 17.6	−36.76
α Tel	3.5	B3 IV	....	500	18 27.0	−45.97
ζ Tel	4.1	G9 III	....	200	18 28.8	−49.07
κ CrA	5.2	dB9 V	....	500	18 33.4	−38.72
ε CrA	4.7–5.0	F1 V	....	90	18 58.7	−37.11
ζ CrA	4.8	A0 V	....	200	19 03.1	−42.10
γ CrA	4.2	dF8 V	....	55	19 06.4	−37.06
δ CrA	4.6	K1 III	....	200	19 08.3	−40.50
α CrA	4.1	A2 V	....	100	19 09.5	−37.90
β CrA	4.1	G7 II	....	400	19 10.0	−39.34
β^1 Sgr	3.9	dB8 V	....	200	19 22.6	−44.46
α Sgr	4.0	B8 V	....	120	19 23.9	−40.62

DOPPELST.	Helligk.	Spektr.	Pos.	Dist.	ab
η Sgr	$3^m.1$ $7^m.8$	M3 G	105°	3″.6	T
κ CrA	5.7 6.3	B9 A0	5	21.4	F
γ CrA	4.8 5.1	F8 F8 '90	109	1.3	T
		2000	55	1.3	T
		2010	6	1.4	T
β^1 Sgr	4.0 7.2	B8 A5	77	28.3	t

VERÄNDERLICHER	
μ^1 Sco	β Lyr–Typ
Per.	1.440269 d
Min.	2447528.59
ε CrA	β Lyr–Typ
Per.	0.591426 d
Min.	2447527.50

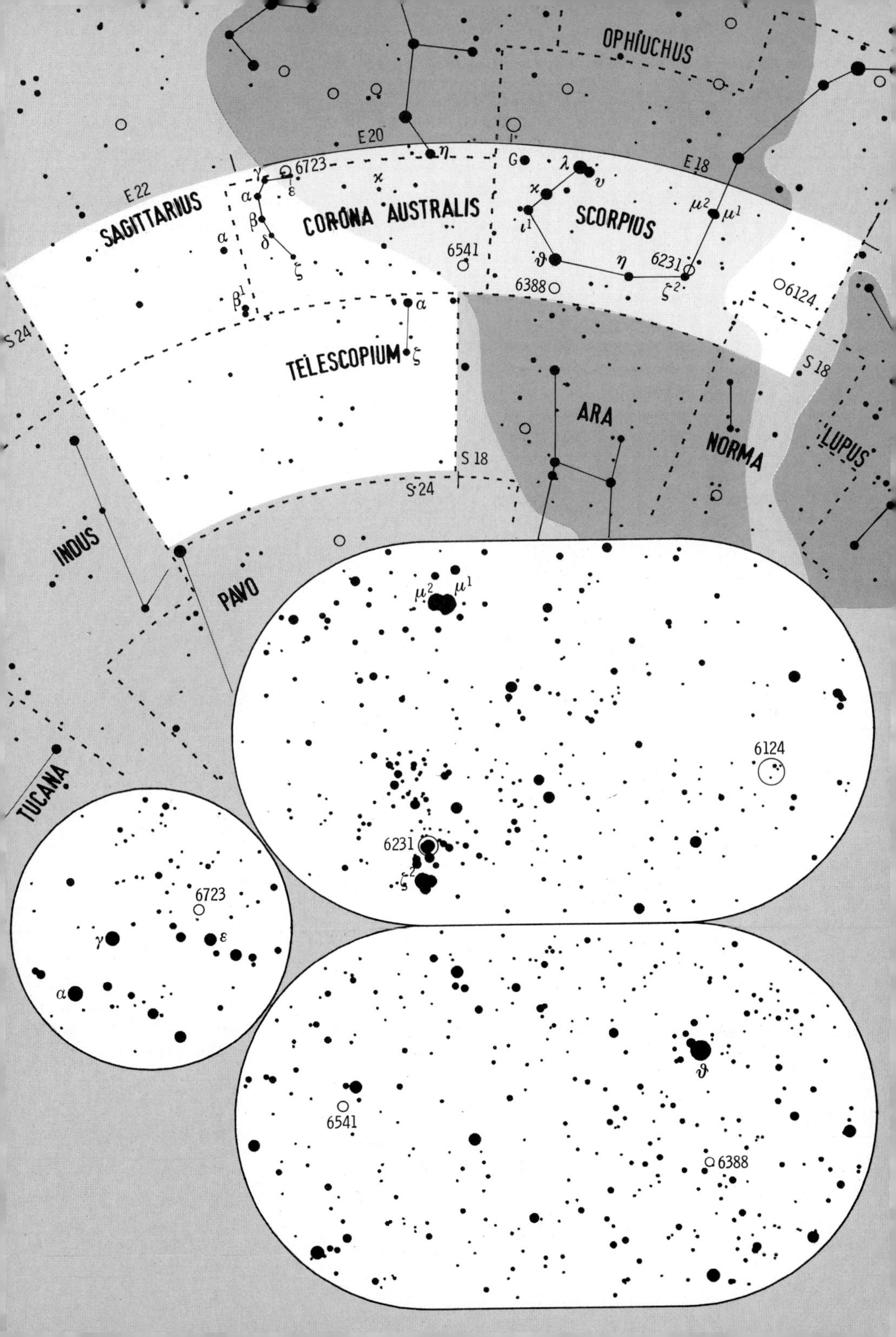
OPHIUCHUS
E 20
E 18
E 22
SAGITTARIUS
CORONA AUSTRALIS
SCORPIUS
6723
6541
6231
6388
6124
S 24
S 18
TELESCOPIUM
ARA
NORMA
LUPUS
S 18
S 24
INDUS
PAVO
TUCANA
6124
6231
6723
6541
6388

NEBEL	Bild	Helligkeit	Größe	Form	Typ	ab	Entf.	Rekt.	Dekl.
6752	Pav	$5\frac{1}{2}^{m}$ $8^{m}_{(5')}$	15′	VI	KugS	A	15000Lj	$19^{h}11^{m}$	−60°0

6752 hell und wunderbar aufgelöst im Teleskop, interessante Struktur, deutliche Sternenketten, lohnenswerter Kugelsternhaufen

STERN	Helligkeit	Spektr.	Name, Bemerkung	Entf.	Rekt.	Dekl.
δ Oct	$4^{m}.3$	K2 III	. . . .	200Lj	$14^{h}26^{m}.9$	−83°67
α Aps	3.8	K4 III	. . . .	200	14 47.9	−79.04
γ TrA	2.9	A0 V	. . . .	100	15 18.9	−68.68
ε TrA	4.1	K1 III	. . . .	150	15 36.7	−66.32
β TrA	2.9	F2 V	. . . .	35	15 55.1	−63.43
δ TrA	3.9	G2 II	. . . .	400	16 15.4	−63.69
δ Aps	4.2	d M1 III	. . . .	400	16 20.4	−78.69
γ Aps	3.9	G9 IV	. . . .	70	16 33.5	−78.90
β Aps	4.2	K0 III	. . . .	120	16 43.1	−77.52
α TrA	1.9	K2 III	. . . .	100	16 48.7	−69.03
η Pav	3.6	K2 II	. . . .	300	17 45.7	−64.72
ζ Pav	4.0	K1 III	. . . .	200	18 43.0	−71.43
λ Pav	3.4–4.3	B2 IV	. . . .	1200	18 52.2	−62.19
κ Pav	3.9–4.7	F5 II	. . . .	600	18 56.9	−67.23
ε Pav	4.0	A0 V	. . . .	120	20 00.6	−72.91
δ Pav	3.6	G6 IV	. . . .	19	20 08.7	−66.18
α Pav	1.9	B3 IV	Peacock	250	20 25.6	−56.74
α Ind	3.1	K0 III	. . . .	120	20 37.6	−47.29
β Pav	3.4	A6 III	. . . .	120	20 45.0	−66.20
β Ind	3.7	K1 II	. . . .	400	20 54.8	−58.45
ϑ Ind	4.4	d A5 V	. . . .	100	21 19.9	−53.45
ν Oct	3.8	K0 III	. . . .	90	21 41.5	−77.39
γ Gru	3.0	B8 III	. . . .	250	21 53.9	−37.37
α Gru	1.7	B6 V	Alnair	70	22 08.2	−46.96
α Tuc	2.9	K3 III	. . . .	120	22 18.5	−60.26
π Gru	5.3	d G4 IV	. . . .	200	22 23.0	−45.93
δ^{1} Gru	4.0	G6 III	} Dist. 16′.1	150	22 29.3	−43.50
δ^{2} Gru	4.1	M4 III	. . . .	400	22 29.8	−43.75
β Gru	2.1	M4 III	. . . .	150	22 42.7	−46.88
β Oct	4.2	A9 IV	. . . .	100	22 46.1	−81.38
ε Gru	3.5	A2 V	. . . .	80	22 48.6	−51.32
ι Gru	3.9	K0 III	. . . .	150	23 10.4	−45.25
γ Tuc	4.0	F0 III	. . . .	120	23 17.4	−58.24

DOPPELST.	Helligk.	Spektr.	Pos.	Dist.	ab
δ Aps	$4^{m}.7$ $5^{m}.3$	M5 K4	11°	103″	O
ϑ Ind	4.5 6.9	A5 A7 ’90	270	6.5	t
		2010	267	6.8	t
π Gru	5.6 6.6	F2!C	254	261	o

VERÄNDERLICHER	
λ Pav	unregelm.
κ Pav	Cepheid
Per.	9.092 d
Max.	2447533

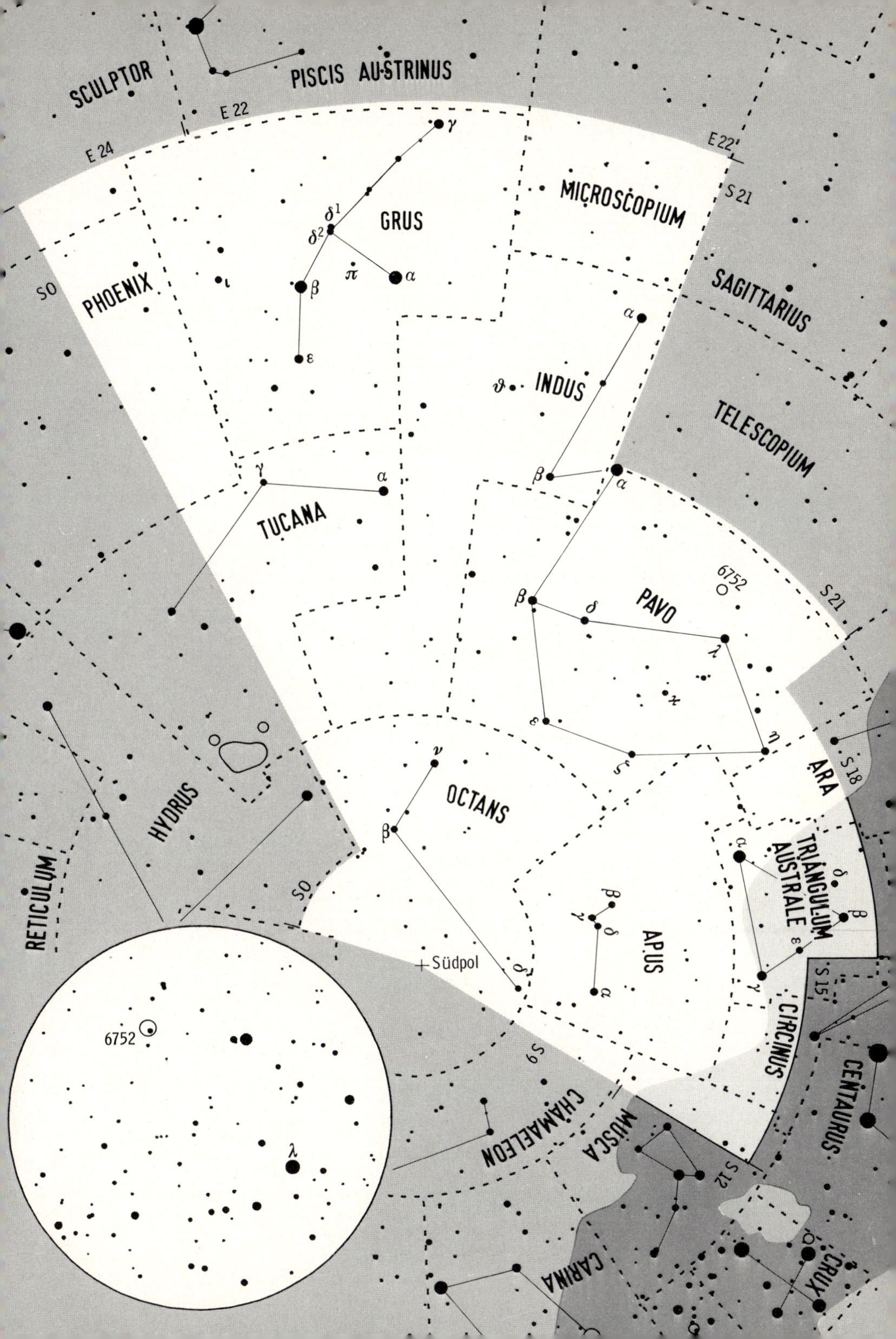
SCULPTOR
PISCIS AUSTRINUS
E 22
E 24
E22
MICROSCOPIUM
S 21
GRUS
PHOENIX
SAGITTARIUS
S0
INDUS
TELESCOPIUM
TUCANA
6752
PAVO
S21
HYDRUS
OCTANS
ARA
S 18
RETICULUM
TRIANGULUM AUSTRALE
APUS
S0
Südpol
S 15
CIRCINUS
CENTAURUS
S9
CHAMAELEON
MUSCA
S 12
CARINA
CRUX
6752

Verzeichnisse

Besondere Objekte: Extremwerte innerhalb des Katalogs (nicht absolut)

Klasse, größte/kleinste		Wert	Objekt	Karte
Helligkeit	gr.	$-1\overset{\mathrm{m}}{.}5$ ($-1\overset{\mathrm{m}}{.}46$)	Sirius, α Canis Majoris	E6
	2.	−0.7 (−0.72)	Canopus, α Carinae	S3
	3.	−0.3 (−0.28)	Rigil Kentaurus, α Cen	S15
	4.	0.0 (−0.04)	Arcturus, α Bootis	E15
	5.	0.0 (0.01–0.04)	Vega, Wega, α Lyrae	N18
	6.	0.1 (0.08)	Capella, α Aurigae	N6
	7.	0.1 (0.12)	Rigel, β Orionis	E4
Doppelstern	gr.	0.0 und 1.3	Rigil Kentaurus, α Cen	S15
Veränderl.	gr.	0.4–1.3	Betelgeuse, α Orionis	E5
Nebel	gr.	0½	Große Magellansche Wolke	S3
Leuchtkraft	gr.	2 Billionen Sonnen	Quasar 3C273	E14
Galaxien	gr.	50 Millrd. Sonnen	Virgo A, M87	E14
Gasnebel	gr.	20000000 Sonnen	Tarantelnebel, NGC2070	S3
Kugelf. St.H.	gr.	800000 Sonnen	ω Centauri, NGC5139	S15
Offene St.H.	gr.	100000 Sonnen	h, χ Persei, NGC869, 884	N2
Planetar. N.	gr.	200 Sonnen	NGC6818	E22
Sterne	gr.	200000 Sonnen	β Doradus	S3
	kl.	0.0005 Sonnen	Barnards Pfeilstern	E17
Scheinb. Größe	gr.	$480' = 8°$	Große Magellansche Wolke	S3
Wahre Größe	gr.	200000 Lj	NGC4565	E13
Gasnebel	gr.	1000 Lj	Tarantelnebel, NGC2070	S3
Kugelf. St.H.	gr.	150 Lj	M53, NGC5024	E13
Offene St.H.	gr.	60 Lj	h, χ Persei, NGC869, 884	N2
Plantar. N.	gr.	4 Lj	Kleiner Hantelnebel, M76	N0
Nebel	kl.	0.1 Lj	NGC6572	E19
Doppelst.	gr.	6 Lj	34 φ Cassiopeiae	N2
	kl.	2000000000 km	Alula Australis, ξ UMa	N12
Sterne	gr.	1500000000 km	Y Canum Venaticorum	N12
	kl.	20000 km	o^2 Eridani Begleitstern	E2
Entfernung	gr.	2000000000 Lj	Quasar 3C273	E14
	2.	60000000 Lj	Fornax Haufen	S0
Sterne	gr.	10000 Lj	34 φ Cassiopeiae	N2
	kl.	4.4 Lj	Rigil Kentaurus, α Cen	S15
bläulichster Stern		Spektraltyp O5	ζ Puppis	S6
rötlichster Stern		Spektraltyp C6	R Leporis	E4
gr. Farbkontrast		Spektr. M1, B3	Antares, α Scorpii	E18
gr. Rotation 1990–2000		147° in 10 Jahren	Alula Australis, ξ UMa	N12
gr. Rotation 2000–2010		223° in 10 Jahren	Porrima, γ Virginis	E12
gr. Distanz–Änderung		7″ in 10 Jahren	Rigil Kentaurus, α Cen	S15
gr. Eigenbewegung		10″ pro Jahr	Barnards Pfeilstern	E17
gr. Periode		27 Jahre	ε Aurigae	N6
kl. Periode		2 Minuten	Suhail Al Muhlif, γ Vel	S6
gr. Amplitude		$10\overset{\mathrm{m}}{.}9$ ($3\overset{\mathrm{m}}{.}3$–$14\overset{\mathrm{m}}{.}2$)	χ Cygni	N18

Sternzeit, Meteorströme

Uhrzeit (Normalzeit)						Rektaszensionsstunde im						
18–19^h	20–21^h	22–23^h	0–1^h	2–3^h	4–5^h	Osten			**Meridian**			Westen
Dez.	Nov.	Okt.	Sept.	Aug.	Juli	6^h	4^h	2^h	**0^h**	22^h	20^h	18^h
Jan.	Dez.	Nov.	Okt.	Sept.	Aug.	8	6	4	**2**	0	22	20
Febr.	Jan.	Dez.	Nov.	Okt.	Sept.	10	8	6	**4**	2	0	22
März	Febr.	Jan.	Dez.	Nov.	Okt.	12	10	8	**6**	4	2	0
April	März	Febr.	Jan.	Dez.	Nov.	14	12	10	**8**	6	4	2
Mai	April	März	Febr.	Jan.	Dez.	16	14	12	**10**	8	6	4
Juni	Mai	April	März	Febr.	Jan.	18	16	14	**12**	10	8	6
Juli	Juni	Mai	April	März	Febr.	20	18	16	**14**	12	10	8
Aug.	Juli	Juni	Mai	April	März	22	20	18	**16**	14	12	10
Sept.	Aug.	Juli	Juni	Mai	April	0	22	20	**18**	16	14	12
Okt.	Sept.	Aug.	Juli	Juni	Mai	2	0	22	**20**	18	16	14
Nov.	Okt.	Sept.	Aug.	Juli	Juni	4	2	0	**22**	20	18	16
19–20^h	21–22^h	23–24^h	1–2^h	3–4^h	5–6^h				**Sternzeit**			
Sommerzeit												

Sternzeit (^{h}) = (J.D. − 2447790.66) : 15.2184 + Weltzeit + östl. Länge : 15°

Mit obiger Tabelle läßt sich leicht die ungefähre Sternzeit ermitteln. Man sucht unter der gegebenen Uhrzeit den Monat auf und geht dann horizontal nach rechts. Die hervorgehobene Uhrzeit ist die Sternzeit (= Rektaszension im Meridian). Links davon stehen Rektaszensionstunden der östlichen Himmelshälfte, rechts davon die der westlichen Hemisphäre. Für genauere Ansprüche dient die Formel, die auf etwa eine Sekunde genau ist (J.D. siehe nächste Seite).
Beispiel für den 9. Februar 1990, 20^{h}12^{m}MEZ in Stuttgart (östl. Länge 9°13′): Unter der Spalte 20–21^h findet man Febr. in der vierten Zeile. Rechts liest man in dieser Zeile ab: etwa 6^h Sternzeit. Genaue Berechnung: Sternzeit = (2447932.30 − 2447790.66) : 15.2184 + $19\frac{12}{60}$ + $9\frac{13}{60}$: 15 = $29\overset{h}{.}122$ = $5^h07\overset{m}{.}3$.

Meteorstrom	Beginn	Max.	Ende	Zeit	Zahl	Radiant	Geschw.	Ursprungs-Komet
Quadrantiden	Jan 2	Jan 3	Jan 4	0–7^h	40/h	15^{h}20^m +50°	45 $\frac{km}{s}$	planetar
Lyriden	Apr 15	Apr 22	Apr 24	21–4	10	18 10 +35	50	K. 1861 I
η Aquariden	Mai 1	Mai 5	Mai 10	3–4	15	22 30 0	65	K. Halley
δ Aquariden	Jul 24	Jul 31	Aug 10	0–3	15	23 00 −15	30	ekliptikal
Perseiden	Jul 28	Aug 11	Aug 20	21–4	80	3 00 +58	60	K. 1862 III
Orioniden	Okt 15	Okt 20	Okt 25	23–6	15	6 20 +15	65	K. Halley
Tauriden	Okt 20	Nov 11	Nov 30	19–6	10	4 00 +20	30	K. Encke?
Leoniden	Nov 15	Nov 17	Nov 19	1–6	10	10 10 +20	70	K. 1866 I
Geminiden	Dez 8	Dez 13	Dez 15	19–7	50	7 30 +30	35	ekliptikal
Ursiden	Dez 20	Dez 22	Dez 23	18–7	10	14 30 +75	35	K. Tuttle?

Zeit: Beobachtungszeitraum für mittlere nördliche Breiten
Zahl: Meteorhäufigkeit im Maximum und für Radiant im Zenit

Übersicht 1989–1999

Jahr 19	89	90	91	92	93	94	95	96	97	98	99
Mond	Ne Vo	Ne Vo	Ne Vo	Ne Vo	Ne Vo	Ne Vo	Ne Vo	Ne Vo	Ne Vo	Ne Vo	Ne Vo
Januar	7 21	26 11	15 30	4 19	22 8	11 27	1/30 16	20 5	9 23	28 12	17 2/31
Februar	6 20	25 9	14 28	3 18	21 6	10 26	- 15	18 4	7 22	26 11	16 -
März	7 22	26 11	16 30	4 18	23 8	12 27	1/31 17	19 5	9 24	28 13	17 2/31
April	6 21	25 10	14 28	3 17	21 6	11 25	29 15	17 4	7 22	26 11	16 30
Mai	5 20	24 9	14 28	2 16	21 6	10 25	29 14	17 3	6 22	25 11	15 30
Juni	3 19	22 8	12 27	1/30 15	20 4	9 23	28 13	16 1	5 20	24 10	13 28
Juli	3 18	22 8	11 26	29 14	19 3	8 22	27 12	15 1/30	4 20	23 9	13 28
August	1/31 17	20 6	10 25	28 13	17 2	7 21	26 10	14 28	3 18	22 8	11 26
Septemb.	29 15	19 5	8 23	26 12	16 1/30	5 19	24 9	12 27	1 16	20 6	9 25
Oktober	29 14	18 4	7 23	25 11	15 30	5 19	24 8	12 26	1/31 16	20 5	9 24
Novemb.	28 13	17 2	6 21	24 10	13 29	3 18	22 7	11 25	30 14	19 4	8 23
Dezemb.	28 12	17 2/31	6 21	24 9	13 28	2 18	22 7	10 24	29 14	18 3	7 22
Merkur O.	Jan 9	-	-	Mär 9	Feb 21	Feb 4	Jan 19	Jan 2	-	-	Mär 3
West	Feb 18	Feb 1	Jan 14	Apr 23	Apr 5	Mär 19	Mär 1	Feb 11	Jan 24	Jan 6	Apr 16
Ost	Mai 1	Apr 13	Mär 27	Jul 6	Jun 17	Mai 30	Mai 12	Apr 23	Apr 6	Mär 20	Jun 28
West	Jun 18	Mai 31	Mai 12	Aug 21	Aug 4	Jul 17	Jun 29	Jun 10	Mai 22	Mai 4	Aug 14
Ost	Aug 29	Aug 11	Jul 25	Okt 31	Okt 14	Sep 26	Sep 9	Aug 21	Aug 4	Jul 17	Okt 24
West	Okt 10	Sep 24	Sep 7	Dez 9	Nov 22	Nov 6	Okt 20	Okt 3	Sep 16	Aug 31	Dez 3
Ost	Dez 23	Dez 6	Nov 19	-	-	-	-	Dez 15	Nov 28	Nov 11	-
West	-	-	Dez 27	-	-	-	-	-	-	Dez 20	-
Venus O.	Nov 8	-	Jun 13	-	Jan 19	Aug 24	-	Apr 1	Nov 6	-	Jun 11
West	-	Mär 30	Nov 2	-	Jun 10	-	Jan 13	Aug 20	-	Mär 27	Okt 30
Mars	-	Nov 27	-	-	Jan 7	-	Feb 12	-	Mär 17	-	Apr 24
Sternbild	-	Tau	-	-	Gem	-	Leo	-	Vir	-	Vir
Jupiter	Dez 27	-	Jan 29	Feb 29	Mär 30	Apr 30	Jun 1	Jul 4	Aug 9	Sep 16	Okt 23
Sternbild	Gem	-	Cnc	Leo	Vir	Lib	Oph	Sgr	Cap	Aqr	Ari
Saturn	Jul 2	Jul 14	Jul 27	Aug 7	Aug 19	Sep 1	Sep 14	Sep 26	Okt 10	Okt 23	Nov 6
Sternbild	Sgr	Sgr	Cap	Cap	Aqr	Aqr	Aqr	Psc	Psc	Psc	Ari
Julian. D.	244....	244....	244....	244....	244....	244....	244....	245....	245....	245....	245....
Januar	7527	7892	8257	8622	8988	9353	9718	0083	0449	0814	1179
Februar	7558	7923	8288	8653	9019	9384	9749	0114	0480	0845	1210
März	7586	7951	8316	8682	9047	9412	9777	0143	0508	0873	1238
April	7617	7982	8347	8713	9078	9443	9808	0174	0539	0904	1269
Mai	7647	8012	8377	8743	9108	9473	9838	0204	0569	0934	1299
Juni	7678	8043	8408	8774	9139	9504	9869	0235	0600	0965	1330
Juli	7708	8073	8438	8804	9169	9534	9899	0265	0630	0995	1360
August	7739	8104	8469	8835	9200	9565	9930	0296	0661	1026	1391
Septemb.	7770	8135	8500	8866	9231	9596	9961	0327	0692	1057	1422
Oktober	7800	8165	8530	8896	9261	9626	9991	0357	0722	1087	1452
Novemb.	7831	8196	8561	8927	9292	9657	'0022	0388	0753	1118	1483
Dezemb.	7861	8226	8591	8957	9322	9687	'0052	0418	0783	1148	1513

Neumond, Vollmond: Sonnen- und Mondfinsternisse sind unterstrichen
Merkur, Venus: größte östliche/westliche Elongation (Abend-/ Morgenstern)
Mars, Jupiter, Saturn: Oppositionsdatum (beste Sichtbarkeit) und Position

Übersicht 2000–2010

Jahr 20	00	01	02	03	04	05	06	07	08	09	10
Mond	Ne Vo	Ne Vo	Ne Vo	Ne Vo	Ne Vo	Ne Vo	Ne Vo	Ne Vo	Ne Vo	Ne Vo	Ne Vo
Januar	6 21	24 9	13 28	2 18	21 7	10 15	29 14	19 3	8 22	26 11	15 30
Februar	5 19	23 8	12 27	1 16	20 6	8 24	28 13	17 2	7 21	25 9	14 28
März	6 20	25 9	14 28	3 18	20 6	10 25	29 14	19 3	7 21	26 11	15 30
April	4 18	23 8	12 27	1 16	19 5	8 24	27 13	17 2	6 20	25 9	14 28
Mai	4 18	23 7	12 26	1/31 16	19 4	8 23	27 13	16 2	5 20	24 9	14 27
Juni	2 16	21 6	10 24	29 14	17 3	6 22	25 11	15 1/30	3 18	22 7	12 26
Juli	1/31 16	20 5	10 24	29 13	17 2/31	6 21	25 11	14 30	3 18	22 7	11 26
August	29 15	19 4	8 22	27 12	16 30	5 19	23 9	12 28	1/30 16	20 6	10 24
Septemb.	27 13	17 2	7 21	26 10	14 28	3 18	22 7	11 26	29 15	18 4	8 23
Oktober	27 13	16 2	6 21	25 10	14 28	3 17	22 7	11 26	28 14	18 4	7 23
Novemb.	25 11	15 1/30	4 20	23 9	12 26	2 16	20 5	9 24	27 13	16 2	6 21
Dezemb.	25 11	14 30	4 19	23 8	12 26	1/31 15	20 5	9 24	27 12	16 2/31	5 21
Merkur O.	Feb 15	Jan 28	Jan 11	-	-	Mär 12	Feb 24	Feb 7	Jan 22	Jan 4	-
West	Mär 28	Mär 11	Feb 21	Feb 4	Jan 17	Apr 26	Apr 8	Mär 22	Mär 3	Feb 13	Jan 27
Ost	Jun 9	Mai 22	Mai 4	Apr 16	Mär 29	Jul 9	Jun 20	Jun 2	Mai 14	Apr 26	Apr 8
West	Jul 27	Jul 9	Jun 21	Jun 3	Mai 14	Aug 23	Aug 7	Jul 20	Jul 1	Jun 13	Mai 26
Ost	Okt 6	Sep 18	Sep 1	Aug 14	Jul 27	Nov 3	Okt 17	Sep 29	Sep 11	Aug 24	Aug 7
West	Nov 15	Okt 29	Okt 13	Sep 27	Sep 9	Dez 12	Nov 25	Nov 8	Okt 22	Okt 6	Sep 19
Ost	-	-	Dez 26	Dez 9	Nov 21	-	-	-	-	Dez 18	Dez 1
West	-	-	-	-	Dez 29	-	-	-	-	-	-
Venus O.	-	Jan 17	Aug 22	-	Mär 29	Nov 3	-	Jun 9	-	Jan 14	Aug 20
West	-	Jun 8	-	Jan 11	Aug 17	-	Mär 25	Okt 28	-	Jun 5	-
Mars	-	Jun 13	-	Aug 28	-	Nov 7	-	Dez 24	-	-	Jan 29
Sternbild	-	Oph	-	Aqr	-	Ari	-	Gem	-	-	Cnc
Jupiter	Nov 28	-	Jan 1	Feb 2	Mär 4	Apr 3	Mai 4	Jun 6	Jul 9	Aug 14	Sep 21
Sternbild	Tau	-	Gem	Cnc	Leo	Vir	Lib	Oph	Sgr	Cap	Psc
Saturn	Nov 19	Dez 3	Dez 17	Dez 31	-	Jan 13	Jan 27	Feb 10	Feb 24	Mär 8	Mär 22
Sternbild	Tau	Tau	Tau	Gem	-	Gem	Cnc	Leo	Leo	Leo	Vir
Julian. D.	245....	245....	245....	245....	245....	245....	245....	245....	245....	245....	245....
Januar	1544	1910	2275	2640	3005	3371	3736	4101	4466	4832	5197
Februar	1575	1941	2306	2671	3036	3402	3767	4132	4497	4863	5228
März	1604	1969	2334	2699	3065	3430	3795	4160	4526	4891	5256
April	1635	2000	2365	2730	3096	3461	3826	4191	4557	4922	5287
Mai	1665	2030	2395	2760	3126	3491	3856	4221	4587	4952	5317
Juni	1696	2061	2426	2791	3157	3522	3887	4252	4618	4983	5348
Juli	1726	2091	2456	2821	3187	3552	3917	4282	4648	5013	5378
August	1757	2122	2487	2852	3218	3583	3948	4313	4679	5044	5409
Septemb.	1788	2153	2518	2883	3249	3614	3979	4344	4710	5075	5440
Oktober	1818	2183	2548	2913	3279	3644	4009	4374	4740	5105	5470
Novemb.	1849	2214	2579	2944	3310	3675	4040	4405	4771	5136	5501
Dezemb.	1879	2244	2609	2974	3340	3705	4070	4435	4801	5166	5531

Julianisches Datum = Tabellenangabe + Tag im Monat + $(\text{MEZ} - 13^h) : 24^h$
bzw. $(\text{MESZ} - 14^h) : 24^h$

Beispiel für den 9. Februar 1990, $20^h 12^m$ MEZ:

J. D. = $2440000 + 7923 + 9 + (20\frac{12}{60} - 13) : 24 = 2\,447\,932.300$

Nebelnummern

M = Messier, Karte

M	Karte	M	Karte
M1	E3	M56	N18
M2	E24	M57	N18
M3	E15	M58	E14
M4	E18	M59	E14
M5	E15	M60	E14
M6	E18	M61	E14
M7	E18	M62	E18
M8	E20	M63	N12
M9	E17	M64	E13
M10	E17	M65	E11
M11	E19	M66	E11
M12	E17	M67	E9
M13	N14	M68	E12
M14	E17	M69	E20
M15	E23	M70	E20
M16	E20	M71	E21
M17	E20	M72	E24
M18	E20	M73	E24
M19	E18	M74	E1
M20	E20	M75	E22
M21	E20	M76	N0
M22	E20	M77	E0
M23	E20	M78	E5
M24	E20	M79	E4
M25	E20	M80	E18
M26	E19	M81	N8
M27	E21	M82	N8
M28	E20	M83	E16
M29	N20	M84	E14
M30	E22	M85	E14
M31	N0	M86	E14
M32	N0	M87	E14
M33	N0	M88	E14
M34	N4	M89	E14
M35	E7	M90	E14
M36	N6	M91	E14
M37	N6	M92	N14
M38	N6	M93	E6
M39	N24	M94	N12
M40	N10	M95	E11
M41	E6	M96	E11
M42	E4	M97	N10
M43	E4	M98	E14
M44	E9	M99	E14
M45	E3	M100	E14
M46	E8	M101	N10
M47	E8	M102	N16
M48	E10	M103	N2
M49	E14	M104	E12
M50	E8	M105	E11
M51	N12	M106	N12
M52	N22	M107	E17
M53	E13	M108	N10
M54	E20	M109	N10
M55	E22	M110	N0

NGC = New General Catalogue, Kartennummer

NGC	Karte	NGC	Karte	NGC	Karte	NGC	Karte	NGC	Karte
55	S0	2068	E5	3242	E10	4736	N12	6543	N16
104	S0	2070	S3	3293	S9	4755	S12	6572	E19
205	N0	2099	N6	3351	E11	4762	E14	6611	E20
221	N0	2129	E7	3368	E11	4826	E13	6613	E20
224	N0	2168	E7	3372	S9	5024	E13	6618	E20
247	E0	2175	E7	3379	E11	5055	N12	6626	E20
253	E0	2237	E9	3384	E11	5128	S15	6633	E19
281	N2	2244	E9	3532	S9	5139	S15	6637	E20
288	E0	2261	E7	3556	N10	5194	N12	6656	E20
292	S0	2264	E7	3587	N10	5195	N12	6681	E20
362	S0	2281	N6	3623	E11	5236	E16	6694	E19
457	N2	2287	E6	3627	E11	5272	E15	6705	E19
559	N2	2301	E9	3628	E11	5457	N10	6712	E19
581	N2	2323	E8	3766	S12	5460	S15	6715	E20
598	N0	2324	E9	3992	N10	5746	E15	6720	N18
628	E1	2359	E8	4192	E14	5822	S15	6723	S21
650	N0	2360	E8	4216	E14	5866	N16	6752	S24
654	N2	2362	E6	4244	N12	5904	E15	6779	N18
663	N2	2392	E7	4254	E14	5907	N16	6809	E22
752	N0	2403	N8	4258	N12	5986	S18	6818	E22
869	N2	2422	E8	4303	E14	6067	S18	6822	E22
884	N2	2423	E8	4321	E14	6087	S18	6826	N18
891	N0	2437	E8	4361	E12	6093	E18	6838	E21
1023	N4	2438	E8	4374	E14	6121	E18	6853	E21
1039	N4	2447	E6	4382	E14	6124	S21	6864	E22
1068	E0	2451	S6	4406	E14	6171	E17	6913	N20
1245	N4	2477	S6	4449	N12	6205	N14	6939	N22
1291	S0	2516	S3	4472	E14	6210	E19	6940	N20
1316	S0	2539	E8	4486	E14	6218	E17	6946	N22
1360	E2	2546	S6	4490	N12	6231	S21	6960	N20
1365	S0	2547	S6	4494	E13	6254	E17	6981	E24
1491	N4	2548	E10	4501	E14	6266	E18	6992	N20
1528	N4	2632	E9	4526	E14	6273	E18	6994	E24
1535	E2	2682	E9	4548	E14	6333	E17	7000	N20
1647	E3	2683	N8	4552	E14	6341	N14	7009	E24
1788	E5	2808	S9	4559	E13	6369	E18	7027	N20
1851	S3	2841	N8	4565	E13	6388	S21	7078	E23
1904	E4	2903	E11	4569	E14	6397	S18	7089	E24
1912	N6	2976	N8	4579	E14	6402	E17	7092	N24
1931	N6	3031	N8	4590	E12	6405	E18	7099	E22
1952	E3	3034	N8	4594	E12	6475	E18	7209	N24
1960	N6	3077	N8	4621	E14	6494	E20	7243	N24
1973	E4	3114	S9	4631	E13	6503	N16	7293	E24
1976	E4	3115	E10	4649	E14	6514	E20	7331	E23
1981	E4	3132	S6	4656	E13	6523	E20	7654	N22
1982	E4	3184	N10	4697	E12	6531	E20	7662	N24
2024	E5	3201	S6	4725	E13	6541	S21	7789	N22

IC 1396	N22
IC 2391	S6
IC 2602	S9
IC 4665	E17
IC 4725	E20
IC 4756	E19
IC 5067	N20

η Carinae Nebel	= NGC 3372	S9
o Velorum Haufen	= IC 2391	S6
ω Centauri	= NGC 5139	S15
47 Tucanae	= NGC 104	S0
Centaurus A	= NGC 5128	S15
Fornax A	= NGC 1316	S0
Virgo A	= M87	E14

Nebelnamen

Deutscher Nebelname	Englischer Nebelname	NGC	M	Karte
Adlernebel	Eagle Nebula	6611	M16	E20
Andromedanebel, Andromeda–Ga-	Andromeda Galaxy	224	M31	N0
Barnards Galaxie ⌊laxie⌋	Barnard's Galaxy	6822		E22
Blinkender Planetarischer Nebel	Blinking Planetary	6826		N18
Cirrusnebel, Schleiernebel	Cirrus, Veil Nebula	6960, 6992		N20
Coma Haufen (Sternhaufen)	Coma Cluster			E13
Doppel–Sternhaufen, h und χ im	Double Cluster	869, 884		N2
Eskimonebel ⌊Perseus⌋	Eskimo Nebula	2392		E7
Eulennebel	Owl Nebula	3587	M97	N10
Fornax Haufen (Galaxienhaufen)	Fornax Cluster			S0
Galaxie mit dem schwarzen Auge	Black Eye Galaxy	4826	M64	E13
Große Magellansche Wolke	Large Magellanic Cloud		LMC	S3
Hantelnebel	Dumbbell Nebula	6853	M27	E21
Helixnebel, Sonnenblumennebel	Helix Nebula	7293		E24
Hubbles Veränderlicher Nebel	Hubble's Variable Neb-	2261		E7
Hyaden	Hyades ⌊bula⌋			E3
Jupiters Geist	Jupiter's Ghost	3242		E10
Juwelenschachtel, κ Crucis	Jewel Box, κ Crucis	4755		S12
Kleine Magellansche Wolke	Small Magellanic Cloud	292	SMC	S0
Kleiner Hantelnebel	Little Dumbbell	650	M76	N0
Kohlensack	Coalsack			S12
Krabbennebel	Crab Nebula	1952	M1	E3
Kugelsternhaufen im Herkules	Hercules Cluster	6205	M13	N14
Lagunennebel	Lagoon Nebula	6523	M8	E20
Makarians Galaxienkette	Makarian's Chain	M86–M88		E14
Nordamerikanebel	North America Nebula	7000		N20
Omeganebel, Schwannebel	Omega, Swan Nebula	6618	M17	E20
Orionnebel	Orion Nebula	1976	M42	E4
Pelikannebel	Pelican Nebula	IC 5067		N20
Plejaden, Siebengestirn	Pleiades, Seven Sisters		M45	E3
Praesepe, Bienenstock, Krippe	Praesepe, Beehive	2632	M44	E9
Quasar 3 C 273	Quasi–Stellar Objekt			E14
Ringnebel in der Leier	Ring Nebula	6720	M57	N18
Rosettennebel	Rosette Nebula	2237		E9
Saturnnebel	Saturn Nebula	7009		E24
Schmetterlingshaufen	Butterfly Cluster	6405	M6	E18
Sculptor–Galaxie, Galaxie im Bild-	Sculptor Galaxy	253		E0
Sombrero–Galaxie ⌊hauer⌋	Sombrero Galaxy	4594	M104	E12
Spindel–Galaxie	Spindle Galaxy	3115		E10
Spiralrad–Galaxie	Pinwheel Galaxy	5457	M101	N10
Strudel–Galaxie	Whirlpool Galaxy	5194	M51	N12
Südliche Plejaden	Southern Pleiades	IC 2602		S9
Tarantelnebel	Tarantula Nebula	2070		S3
Triangulum–Galaxie, Galaxie im	Triangulum Galaxy	598	M33	N0
Trifidnebel ⌊Dreieck⌋	Trifid Nebula	6514	M20	E20
Virgo Haufen (Galaxienhaufen)	Virgo Cluster			E14
Weihnachtsbaum–Sternhaufen	Christmas Tree	2264		E7

Sternnamen A–I

Sternname	Bezeichn.		Karte	Hell.
Acamar	ϑ	Eri	S0	$3\overset{\text{m}}{.}0$
Achernar	α	Eri	S0	0.5
Acrab	β	Sco	E18	2.5
Acrux	α	Cru	S12	0.8
Acubens	α	Cnc	E9	4.3
Adhara	ε	CMa	E6	1.5
Agena	β	Cen	S15	0.6
Alamak	γ	And	N0	2.2
Albireo	β	Cyg	N18	2.9
Alchiba	α	Crv	E12	4.0
Alcor	80	UMa	N10	4.0
Alcyone	η	Tau	E3	2.8
Aldebaran	α	Tau	E3	0.9
Alderamin	α	Cep	N22	2.4
Aldhafera	ζ	Leo	E11	3.4
Alfirk	β	Cep	N22	3.2
Algenib	γ	Peg	E1	2.8
Algieba	γ	Leo	E11	2.1
Algiedi	α	Cap	E22	3.1
Algol	β	Per	N4	2–3
Algorab	δ	Crv	E12	3.0
Alhena	γ	Gem	E7	1.9
Alioth	ε	UMa	N10	1.8
Alkaid	η	UMa	N10	1.9
Alkalurops	μ	Boo	N14	4.2
Alkes	α	Crt	E12	4.1
Alnair	α	Gru	S24	1.7
Alnasl	γ	Sgr	E20	3.0
Alnilam	ε	Ori	E5	1.7
Alnitak	ζ	Ori	E5	1.8
Alphard	α	Hya	E10	2.0
Alphekka	α	CrB	E15	2.3
Alpheratz	α	And	N0	2.0
Alschain	β	Aql	E21	3.7
Altair	α	Aql	E21	0.8
Altais	δ	Dra	N16	3.1
Altarf	β	Cnc	E9	3.5
Alterf	λ	Leo	E11	4.3
Aludra	η	CMa	E6	2.4
Alula Australis	ξ	UMa	N12	3.8
Alula Borealis	ν	UMa	N12	3.5
Alya	ϑ	Ser	E19	4.0
Ankaa	α	Phe	S0	2.4
Antares	α	Sco	E18	1–2
Arcturus	α	Boo	E15	0.0
Arneb	α	Lep	E4	2.6
Asellus Australis	δ	Cnc	E9	3.9

Sternname	Bezeichn.		Karte	Hell.
Asellus Borealis	γ	Cnc	E9	$4\overset{\text{m}}{.}7$
Aspidiske	ξ	Pup	E6	3.2
Atair	α	Aql	E21	0.8
Atik	o	Per	N4	3.8
Atlas	27	Tau	E3	3.6
Avoir	ε	Car	S3	1.9
Baham	ϑ	Peg	E23	3.5
Barnards (Pfeil-)Stern			E17	9.5
Baten Kaitos	ζ	Cet	E0	3.7
Bellatrix	γ	Ori	E5	1.6
Benetnasch	η	UMa	N10	1.9
Beteigeuze	α	Ori	E5	0–1
Betelgeuse	α	Ori	E5	0–1
Canopus	α	Car	S3	−0.7
Capella	α	Aur	N6	0.1
Castor	α	Gem	E7	1.6
Cebalrai	β	Oph	E17	2.8
Ceginus	γ	Boo	N14	3.0
Chaph	β	Cas	N2	2.3
Cor Caroli	α	CVn	N12	2.8
Coxa	ϑ	Leo	E11	3.3
Cursa	β	Eri	E2	2.8
Deneb	α	Cyg	N20	1.3
Deneb Algedi	δ	Cap	E22	3
Deneb Kaitos	β	Cet	E0	2.0
Denebola	β	Leo	E11	2.1
Diadem	α	Com	E13	4.3
Diphda	β	Cet	E0	2.0
Dubhe	α	UMa	N10	1.8
Edasich	ι	Dra	N16	3.3
Electra	17	Tau	E3	3.7
Elmuthalleth	α	Tri	N0	3.4
Elnath	β	Tau	E3	1.7
Enif	ε	Peg	E23	2.4
Errai	γ	Cep	N22	3.2
Ettanin	γ	Dra	N16	2.2
Fomalhaut	α	PsA	E22	1.2
Gacrux	γ	Cru	S12	1.6
Gemma	α	CrB	E15	2.3
Giauzar	λ	Dra	N16	3.8
Gienah	γ	Crv	E12	2.6
Gomeisa	β	CMi	E9	2.9
Grumium	ξ	Dra	N16	3.8
Hadar	β	Cen	S15	0.6
Hamal	α	Ari	E1	2.0
Homam	ζ	Peg	E23	3.4
Izar	ε	Boo	E15	2.4

Sternname	Bezeichn.		Karte	Hell.
Kaus Australis	ε	Sgr	E20	$1^{\mathrm{m}}.8$
Kaus Borealis	λ	Sgr	E20	2.8
Kaus Media	δ	Sgr	E20	2.7
Kitalphar	α	Equ	E23	3.9
Kochab	β	UMi	NP	2.1
Lesath	υ	Sco	S21	2.7
Maia	20	Tau	E3	3.9
Marfik	λ	Oph	E17	3.8
Markab	α	Peg	E23	2.5
Matar	η	Peg	E23	2.9
Mebsuta	ε	Gem	E7	3.0
Megrez	δ	UMa	N10	3.3
Mekbuda	ζ	Gem	E7	4
Menkalinan	β	Aur	N6	1.9
Menkar	α	Cet	E0	2.5
Menkib	ξ	Per	N4	4.0
Merak	β	UMa	N10	2.4
Merope	23	Tau	E3	4.2
Mesarthim	γ	Ari	E1	3.9
Miaplacidus	β	Car	S9	1.7
Mimosa	β	Cru	S12	1.3
Mintaka	δ	Ori	E5	2.2
Mira	o	Cet	E0	2–10
Mirach	β	And	N0	2.1
Mirphak	α	Per	N4	1.8
Mirzam	β	CMa	E6	2.0
Mizar	ζ	UMa	N10	2.1
Muphrid	η	Boo	E15	2.7
Nath	β	Tau	E3	1.7
Nekkar	β	Boo	N14	3.5
Nihal	β	Lep	E4	2.8
Nunki	σ	Sgr	E20	2.0
Nusakan	β	CrB	E15	3.7
Peacock	α	Pav	S24	1.9
Phact	α	Col	E2	2.6
Phad	γ	UMa	N10	2.4
Phegda	γ	UMa	N10	2.4
Pherkad	γ	UMi	NP	3.1
Phurud	ζ	CMa	E6	3.0
Pleione	28	Tau	E3	5–6
Polaris	α	UMi	NP	2.0
Pollux	β	Gem	E7	1.1
Porrima	γ	Vir	E12	2.8
Prokyon	α	CMi	E9	0.4
Rasalgethi	α	Her	E19	3–4
Rasalhague	α	Oph	E17	2.1
Rastaben	β	Dra	N16	2.8

Sternname	Bezeichn.		Karte	Hell.
Regulus	α	Leo	E11	$1^{\mathrm{m}}.4$
Rigel	β	Ori	E4	0.1
Rigil Kentaurus	α	Cen	S15	−0.3
Ruchbah	δ	Cas	N2	2.7
Ruticulus	β	Her	E19	2.8
Sabik	η	Oph	E17	2.4
Sadachbia	γ	Aqr	E24	3.8
Sadalbari	μ	Peg	E23	3.5
Sadalmelik	α	Aqr	E24	3.0
Sadalsuud	β	Aqr	E24	2.9
Sadr	γ	Cyg	N20	2.2
Saiph	κ	Ori	E4	2.1
Sargas	ϑ	Sco	S21	1.9
Scheat	β	Peg	E23	2–3
Schedir	α	Cas	N2	2.2
Shaula	λ	Sco	S21	1.6
Sheliak	β	Lyr	N18	3–4
Sheratan	β	Ari	E1	2.6
Sirius	α	CMa	E6	−1.5
Sirrah	α	And	N0	2.0
Spica	α	Vir	E16	1.0
Suhail Al Muhlif	γ	Vel	S6	2
Suhail Al Wazn	λ	Vel	S6	2.2
Sulaphat	γ	Lyr	N18	3.2
Talitha	ι	UMa	N8	3.1
Tania Australis	μ	UMa	N10	3.1
Tania Borealis	λ	UMa	N10	3.5
Tarazed	γ	Aql	E21	2.7
Taygeta	19	Tau	E3	4.3
Tejat Posterior	μ	Gem	E7	2.9
Tejat Prior	η	Gem	E7	3–4
Thuban	α	Dra	N16	3.7
Toliman	α	Cen	S15	−0.3
Unukalhai	α	Ser	E16	2.7
Vega	α	Lyr	N18	0.0
Vindemiatrix	ε	Vir	E16	2.8
Wasat	δ	Gem	E7	3.5
Wega	α	Lyr	N18	0.0
Wezen	δ	CMa	E6	1.8
Yed Posterior	ε	Oph	E17	3.2
Yed Prior	δ	Oph	E17	2.7
Zaniah	η	Vir	E12	3.9
Zaurak	γ	Eri	E2	3.0
Zawijava	β	Vir	E12	3.6
Zosma	δ	Leo	E11	2.6
Zubenelgenubi	α	Lib	E16	2.6
Zubeneschemali	β	Lib	E16	2.6

Sternbilder And–LMi

Abk.	Sternbildname	Latein. Genitiv	Deutscher Name	Karte	Neb.	St.
And	Andromeda	Andromedae	Andromeda	N0 (N24)	6	16
Ant	Antlia	Antliae	Luftpumpe	E10	-	1
Aps	Apus	Apodis	Paradiesvogel	S24	-	4
Aqr	Aquarius	Aquarii	Wassermann	E24	5	19
Aql	Aquila	Aquilae	Adler	E21	-	15
Ara	Ara	Arae	Altar	S18	1	8
Ari	Aries	Arietis	Widder	E1	-	8
Aur	Auriga	Aurigae	Fuhrmann	N6	5	14
Boo	Bootes	Bootis	Bärenhüter	E15 (N14)	-	18
Cae	Caelum	Caeli	Grabstichel	S3	-	-
Cam	Camelopardalis	Camelopadalis	Giraffe	N2 (NP)	1	6
Cnc	Cancer	Cancri	Krebs	E9	2	11
CVn	Canes Venatici	Canum Venaticorum	Jagdhunde	N12	11	5
CMa	Canis Major	Canis Majoris	Großer Hund	E6	4	18
CMi	Canis Minor	Canis Minoris	Kleiner Hund	E9	-	3
Cap	Capricornus	Capricorni	Steinbock	E22	1	12
Car	Carina	Carinae	Schiffskiel	S9 (S3)	7	20
Cas	Cassiopeia	Cassiopeiae	Kassiopeia	N2	8	17
Cen	Centaurus	Centauri	Zentaur	S15 (S12)	4	26
Cep	Cepheus	Cephei	Kepheus	N22	3	13
Cet	Cetus	Ceti	Walfisch	E0	2	18
Cha	Chamaeleon	Chamaeleontis	Chamäleon	S9	-	4
Cir	Circinus	Circini	Zirkel	S15	-	4
Col	Columba	Columbae	Taube	E2 (S3)	1	6
Com	Coma Berenices	Comae Berenices	Haar der Berenike	E13	13	8
CrA	Corona Australis	Coronae Australis	Südliche Krone	S21	1	7
CrB	Corona Borealis	Coronae Borealis	Nördliche Krone	E15	-	10
Crv	Corvus	Corvi	Rabe	E12	1	5
Crt	Crater	Crateris	Becher	E12	-	4
Cru	Crux	Crucis	Kreuz des Südens	S12	2	7
Cyg	Cygnus	Cygni	Schwan	N20 (N18)	8	31
Del	Delphinus	Delphini	Delphin	E21	-	5
Dor	Dorado	Doradus	Schwertfisch	S3	2	3
Dra	Draco	Draconis	Drache	N16	4	21
Equ	Equuleus	Equulei	Füllen	E23	-	4
Eri	Eridanus	Eridani	Eridanus	E2 (S0)	2	27
For	Fornax	Fornacis	Chemischer Ofen	E2	3	3
Gem	Gemini	Geminorum	Zwillinge	E7	3	17
Gru	Grus	Gruis	Kranich	S24	-	8
Her	Hercules	Herculis	Herkules	N14 (E19)	3	23
Hor	Horologium	Horologii	Pendeluhr	S3 (S0)	-	2
Hya	Hydra	Hydrae	Wasserschlange	E10 (E12)	4	24
Hyi	Hydrus	Hydri	Kleine Wasserschlange	S0	-	3
Ind	Indus	Indi	Inder	S24	-	3
Lac	Lacerta	Lacertae	Eidechse	N24	2	7
Leo	Leo	Leonis	Löwe	E11	8	17
LMi	Leo Minor	Leonis Minoris	Kleiner Löwe	N8	-	2

Abk.	Sternbildname	Latein. Genitiv	Deutscher Name	Karte	Neb.	St.
Lep	Lepus	Leporis	Hase	E4	1	11
Lib	Libra	Librae	Waage	E16	-	8
Lup	Lupus	Lupi	Wolf	S18	2	15
Lyn	Lynx	Lyncis	Luchs	N8 (N6)	1	8
Lyr	Lyra	Lyrae	Leier	N18	2	8
Men	Mensa	Mensae	Tafelberg	S9	-	-
Mic	Microscopium	Microscopii	Mikroskop	E22	-	-
Mon	Monoceros	Monocerotis	Einhorn	E8 (E9)	7	9
Mus	Musca	Muscae	Fliege	S12	-	6
Nor	Norma	Normae	Winkelmaß	S18	2	2
Oct	Octans	Octantis	Oktant	S24	-	3
Oph	Ophiuchus	Ophiuchi	Schlangenträger	E17	11	21
Ori	Orion	Orionis	Orion	E5 (E4)	8	24
Pav	Pavo	Pavonis	Pfau	S24	1	8
Peg	Pegasus	Pegasi	Pegasus	E23	2	16
Per	Perseus	Persei	Perseus	N4	8	19
Phe	Phoenix	Phoenicis	Phönix	S0	-	7
Pic	Pictor	Pictoris	Maler	S3	-	4
Psc	Pisces	Piscium	Fische	E1 (E23)	1	19
PsA	Piscis Austrinus	Piscis Austrini	Südlicher Fisch	E22	-	6
Pup	Puppis	Puppis	Achterschiff	S6 (E6)	9	18
Pyx	Pyxis	Pyxidis	Schiffskompaß	E10	-	3
Ret	Reticulum	Reticuli	Netz	S3	-	4
Sge	Sagitta	Sagittae	Pfeil	E21	1	5
Sgr	Sagittarius	Sagittarii	Schütze	E20	18	16
Sco	Scorpius	Scorpii	Skorpion	E18 (S21)	7	22
Scl	Sculptor	Sculptoris	Bildhauer	E0	3	3
Sct	Scutum	Scuti	Schild	E19	3	3
Ser	Serpens (Caput)	Serpentis (Caputis)	Schlange (Kopf)	E16	1	8
	(Cauda)	(Caudae)	(Schwanz)	E19	2	4
Sex	Sextans	Sextantis	Sextant	E10	1	3
Tau	Taurus	Tauri	Stier	E3	4	24
Tel	Telescopium	Telescopii	Teleskop	S21	-	2
Tri	Triangulum	Trianguli	Dreieck	N0	1	6
TrA	Triangulum Australe	Trianguli Australis	Südliches Dreieck	S24	-	5
Tuc	Tucana	Tucanae	Tukan	S0 (S24)	3	3
UMa	Ursa Major	Ursae Majoris	Großer Bär	N10 (N8)	11	24
UMi	Ursa Minor	Ursae Minoris	Kleiner Bär	NP	-	8
Vel	Vela	Velorum	Segel	S6	4	16
Vir	Virgo	Virginis	Jungfrau	E16	17	13
Vol	Volans	Volantis	Fliegender Fisch	S3	-	6
Vul	Vulpecula	Vulpeculae	Füchschen	E21	2	3
88	88 (89)	88 (89)	88 (89)	48	250	900

Karte: Kartennummer für den wesentlichen Teil des Sternbildes
Neb., St.: Anzahl der Nebel und Sterne im Katalog

Sternkarten

Die vier Übersichtskarten zeigen die Aufteilung des gesamten Sternhimmels in die 48 Karten der Seiten 22–117. Der Großteil des Himmels findet sich auf der gegenüberliegenden Seite, die Polumgebungen auf dieser Seite. Auf der Ekliptik (gelb) sind Sonnenpositionen markiert. Die Grenzgröße beträgt $4\overset{m}{.}5$, der Maßstab in Deklination 12.5°/cm.

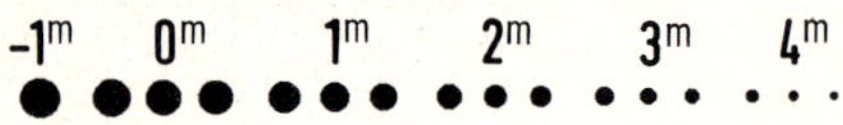

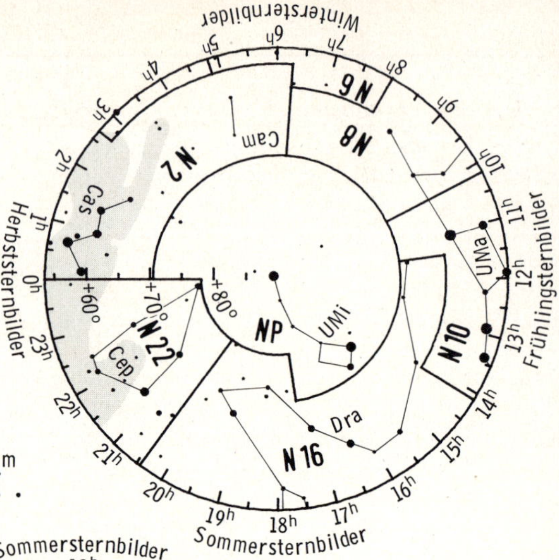

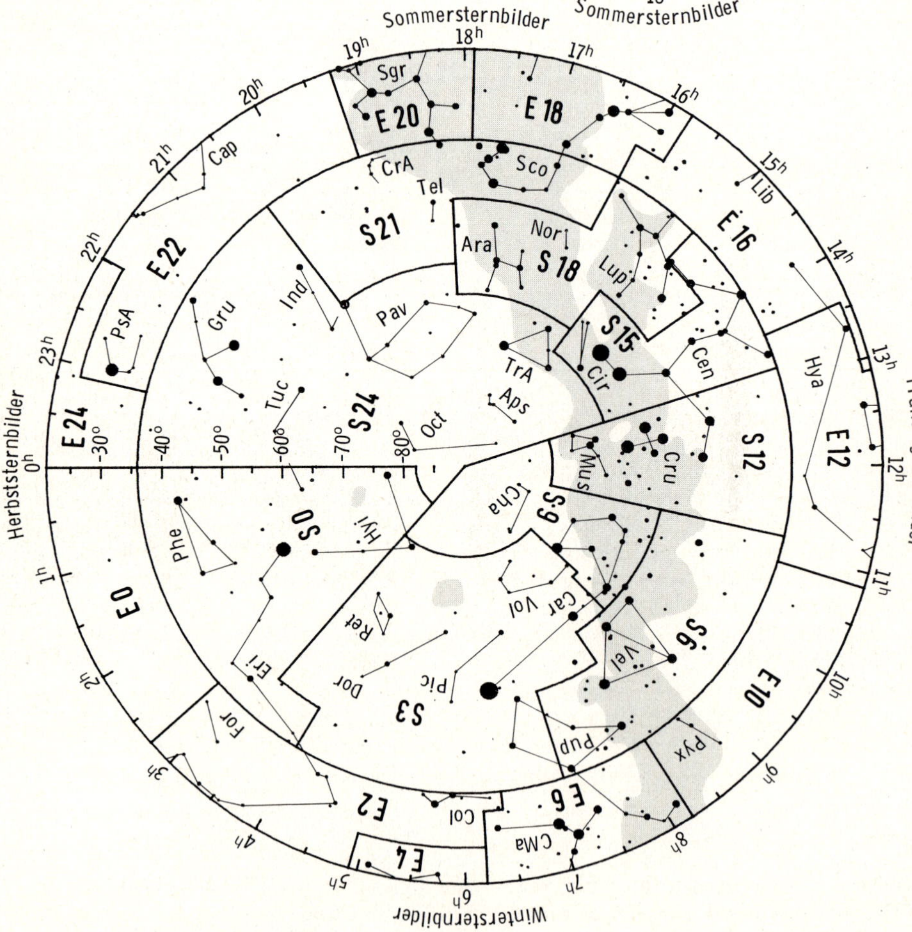